宝宝

最喜欢的

BAOBAO
ZUIXIHUAN DE
JIANKANG TIANDIAN

健康甜点

坨坨妈　主编

U0393175

辽宁科学技术出版社

·沈阳·

本书编委会

主　编　坨坨妈

编　委　廖名迪　陈晶晶　贺梦瑶　李玉栋　谭阳春

图书在版编目（CIP）数据

宝宝最喜欢的健康甜点 / 坨坨妈主编. — 沈阳 ：
辽宁科学技术出版社，2013.5
　ISBN 978-7-5381-7943-9

　Ⅰ. ①宝… 　Ⅱ. ①坨… 　Ⅲ. ①儿童—糕点 —制作
Ⅳ. ① TS213.2

　中国版本图书馆 CIP 数据核字（2013）第 054375 号

如有图书质量问题，请电话联系
湖南攀辰图书发行有限公司
地址：长沙市车站北路 649 号通华天都 2 栋 12C025 室
邮编：410000
网址：www.penqen.cn
电话：0731-82276692　82276693

出版发行：辽宁科学技术出版社
　　　　（地址：沈阳市和平区十一纬路 29 号　邮编：110003）
印 刷 者：湖南新华精品印务有限公司
经 销 者：各地新华书店
幅面尺寸：185mm × 210mm
印　　张：5
字　　数：70 千字
出版时间：2013 年 5 月第 1 版
印刷时间：2013 年 5 月第 1 次印刷
责任编辑：卢山秀　攀　辰
封面设计：多米诺设计·咨询　吴颖辉
版式设计：攀辰图书
责任校对：王玉宝

书　　号：ISBN 978-7-5381-7943-9
定　　价：24.80 元
联系电话：024-23284376
邮购热线：024-23284502

作为一个孩子的妈妈，我希望将自己平时为宝贝做的一些食物记录下来，和众多妈妈一起分享、一起交流，配方和操作或许有不甚完美或者有待改进的地方，欢迎读者指正。

写这本书的初衷，仅仅是因为身边有太多的朋友在为宝贝的饮食头疼。现在的宝贝都十分挑食，大多喜欢吃零食和甜点。可是市售的甜点总有这样或那样的问题，如卫生指标不达标、添加防腐剂、人工香精，过量的漂白剂、塑化剂、反式脂肪酸等。当你在超市拿起一袋饼干，你会被成分栏里那些天书一样五花八门的化学名称吓到，虽然你不知道这些东西究竟是什么，但唯一可以肯定的是，宝贝吃多了绝对于健康无益。

在人们越来越注意健康和养生的今天，宝贝的食品安全问题是每位妈妈都十分重视的，所以能够自己做的食物最好不要在外面买。也许很多妈妈会说自己没有时间和精力动手做，可是相比起宝贝的身体健康，妈妈们多牺牲一些时间又何妨呢？更何况有些甜点其实做起来并没有那么难，只需花上少许时间，就可以完成，而宝贝在吃着妈妈亲手做的点心时，那份幸福和满足，是任何金钱和名利都无法取代的，让宝贝感受到你的爱、你的关心，他们才会在阳光的天空下幸福地成长。

跟着坨坨妈一起来做宝贝喜欢的甜点吧，这本书里收录了众多中西甜点，包括饮品、冰品、汤羹、小吃、主食甜点等多种极具特色的食物，而且都是从宝贝的喜好入手，用各种各样的卡通造型，加上宝贝喜欢的口味，即使有些食材是宝贝不喜欢吃的，但在巧妙的搭配下，也一定会让宝贝心动，从而爱上这些美食。

本书中的甜点基本上适合两岁以上的宝贝食用，只是含有巧克力、黄油的甜点以及油炸类甜点，不适合肥胖或者患有忌食甜食的疾病的宝贝，果冻类甜点适合三岁以上的宝贝食用，且食用时要注意分切成小块。

你也心动了吗？那就行动起来吧，用你亲手做的食物，让你的家人和宝贝，感受到幸福和快乐吧！

目录 Contents

第 1 章

甜点制作基
础知识

常用工具

1. 电动打蛋器
2. 手动打蛋器
3. 打蛋盆

4. 橡皮刮刀
5. 量勺
6. 分蛋器

7. 电子秤
8. 面粉筛
9. 羊毛刷

10. 厨房专用温度计
11. 冰淇淋挖球器
12. 水果挖球器

13. 水果刀
14. 挤酱笔
15. 擀面杖

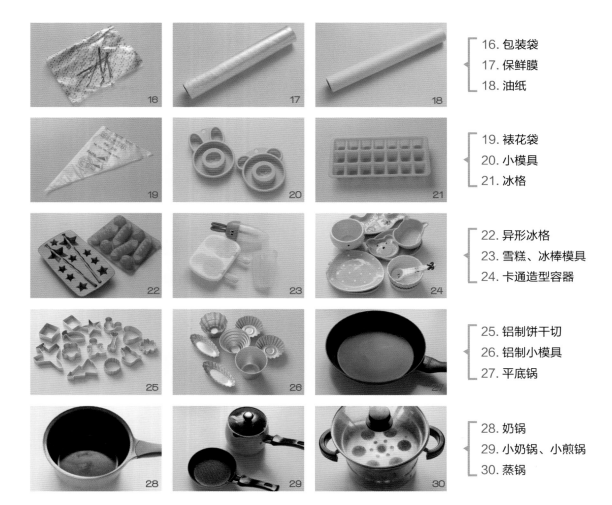

16. 包装袋
17. 保鲜膜
18. 油纸

19. 裱花袋
20. 小模具
21. 冰格

22. 异形冰格
23. 雪糕、冰棒模具
24. 卡通造型容器

25. 铝制饼干切
26. 铝制小模具
27. 平底锅

28. 奶锅
29. 小奶锅、小煎锅
30. 蒸锅

常用材料

 1. 淡奶油 2. 鲜奶油 3. 奶粉 4. 无盐黄油 5. 巧克力砖 6. 巧克力酱 7. 低筋面粉 8. 中筋面粉 9. 高筋面粉 10. 玉米淀粉 11. 木薯淀粉 12. 马铃薯淀粉 13. 糖粉 14. 可可粉 15. 肉桂粉 16. 抹茶粉

[17. 葡萄糖酸内脂　18. 琼脂　19. 白砂糖　20. 红糖　21. 冰糖　22. 彩色砂糖　23. 麦芽糖饴　24. 蜂蜜　25. 七彩糖针　26. 装饰用造型糖　27. 蜜红豆　28. 黑凉粉　29. 果粉　30. 白凉粉、果冻粉　31. 吉利丁粉　32. 水饴]

技巧点拨

[打发蛋白的方法]

1. 将蛋白置于干净的打蛋盆中，用电动打蛋器低速搅打至起粗泡。

2. 分2~3次加入糖粉，第一次加入糖粉，高速搅打至出现细腻的泡沫。

3. 再加入糖粉，继续高速搅打至硬性发泡。

湿性打发：搅打至拉起打蛋器的头，拉出的蛋白尖呈直角不下垂的状态，即七分发。

干性打发：继续搅打至蛋白能拉出一个短小直立的尖角，即九分发。

技巧提示

1. 打蛋盆要绝对干净，无水无油，蛋白里也不能有一丝蛋黄，否则蛋白无法打发。

2. 蛋白要先用低速打至起粗泡，再分2~3次加入糖粉搅打，如果一次加入糖粉过多，会影响蛋白的起泡，所以打发蛋白的时候，一般习惯使用分次加糖的方式。

[熔化巧克力的方法]

1. 将巧克力切碎置于碗中。

2. 向平底锅中注入大半锅水，中火加热，待水温达到50℃左右时关火。

3. 将装有巧克力的碗置于水中，待巧克力开始熔化时用一根筷子慢慢搅拌，直至完全熔化。

4. 将熔化的巧克力取出，冷却至半凝固状态。

［焦糖汁的制作方法］

1. 将白砂糖倒入不锈钢锅中，加入适量冷水和几滴柠檬汁，中火加热，用一根筷子稍稍搅拌至白砂糖溶化。

2. 待糖汁逐渐沸腾时，用毛刷蘸适量冷水，沿不锈钢锅边缘贴壁轻扫，使毛刷上的水将锅壁上未溶化的糖粒冲刷下去。

3. 煮至糖汁出现焦色时关火。

4. 静置几秒钟，至气泡消失。

技巧提示

1. 糖的选择：一般做甜点或者烘焙用的糖有粗砂糖、细砂糖、绵白糖和防潮糖粉。

2. 糖和水混合加热煮沸后，水分会慢慢挥发，糖水的浓度会越来越高。当糖水的浓度达到一定程度的时候，冷却后，糖会结晶析出。为了防止这个现象的发生，我们在煮糖汁的时候，必须加入一些酸性物质来防止结晶，部分糖会被酸分解成为不易结晶的单糖，所以配方中的柠檬汁是必不可少的，如果没有也可以用白醋来代替。

3. 在煮糖汁的时候，有可能会有一些糖汁附着在锅壁上，锅壁上的水分挥发后，这些糖汁可能出现微小的结晶体，当这些结晶体和其他糖汁接触的时候，有可能产生连锁反应，使其他糖汁也变成结晶颗粒，最后，有可能整锅糖汁都会变成结晶颗粒，形成一整锅糖砂。为了防止这个现象的发生，我们需要把锅壁上的糖汁洗刷下去，可以拿羊毛刷蘸水，在锅壁上刷一圈。水沿着锅壁流下去的时候可以将锅壁上的糖洗刷到锅里去。这也是为什么在煮糖汁的时候不允许搅拌的原因，搅拌很容易使糖汁附着到锅壁上。

4. 待焦糖煮好后，如果迅速冲入适量开水则可以制作成浓度较低的焦糖汁。注意是开水不是冷水，开水的作用是减慢糖的凝固速度，并加强流动性，以便于焦糖汁的转移。如果冲入冷水，焦糖汁会立刻凝固成块导致无法使用。

第 2 章

牛奶、果冻、布丁

材料

纯牛奶 800ml，原味酸奶 200ml，开水适量，白砂糖 30g，西柚果肉适量，薄荷叶适量。

做法

1. 用开水将酸奶机配套的专用碗消毒，将牛奶与酸奶倒入碗中，用消过毒的干净小勺搅拌均匀。
2. 盖上碗盖，放入酸奶机中。
3. 从边缘注入适量开水没至与碗壁齐平即可。
4. 盖上酸奶机的盖子，通电，发酵 8 小时。
5. 8 小时后，在发酵好的酸奶中趁热加入白砂糖。
6. 搅拌至糖粒溶化，盖上盖子送入冰箱冷藏中止发酵。
7. 取适量西柚果肉。
8. 将酸奶倒入玻璃杯中，撒上西柚果肉，装饰上薄荷叶即可。

西柚酸奶

小贴士

1. 酸奶制作的原理是无菌消毒，恒温发酵，发酵温度在 35~40℃，所以只要掌握了这个原则，即使没有酸奶机，在家也一样可以制作酸奶。制作酸奶的工具很多，如电饭煲、暖水瓶、电烤箱、消毒柜等均可。
2. 如果牛奶用常温的，用 85℃的热水浸泡即可，如果用冰牛奶，则要使用开水。
3. 用来发酵的容器最好是密封性好的塑料碗，盖上不要有孔，最好不要用铝制或者不锈钢碗。

三色布丁

材料

牛奶 300ml，白砂糖 20g，苹果果粉 10g，芒果果粉 10g，吉利丁粉 6g，冷水 60ml。

做法

1. 将牛奶倒入奶锅中。
2. 加入白砂糖。
3. 一边小火加热一边搅拌至糖溶化，待快要沸腾时离火。
4. 将牛奶分成 3 份，其中 2 份分别加入苹果果粉和芒果果粉搅拌均匀。
5. 将 2g 吉利丁粉泡入 20ml 冷水中，浸泡 1~2 分钟。
6. 用微波炉加热 30 秒至溶液透明。
7. 加入牛奶碗中搅拌均匀。
8. 倒入布丁瓶中，每瓶倒 1/3，放入冰箱冷藏 30 分钟。
9. 重复步骤 5、6，然后将吉利丁液倒入苹果牛奶碗中搅拌均匀。
10. 将冰箱中的布丁瓶取出，将苹果牛奶分成 3 份倒入布丁瓶中，再次放入冰箱冷藏 30 分钟。
11. 再重复步骤 5、6，将吉利丁液倒入芒果牛奶碗中搅拌均匀。
12. 最后倒入布丁瓶中，再次冷藏 30 分钟即可。

小贴士

1. 吉利丁粉夏天要用冰水浸泡，其他季节要用冷水浸泡，不可用热水或者开水。
2. 分层操作时须有耐心，每一次都要等到一种颜色的溶液完全凝固之后再加第二种，否则颜色会混合在一起，无法做出清晰的分层。
3. 检查溶液是否完全凝固，可以将瓶子拿在手中稍微倾斜，但注意幅度不可过大，如果还有流动感，则还未凝固好，如果不动，即已完全凝固。

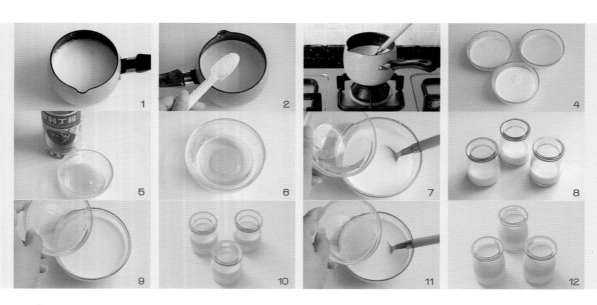

焦糖蛋奶布丁

材料

焦糖汁材料：白砂糖 50g，冷水 15ml，柠檬汁 3~5 滴，开水 15ml。

布丁液材料：牛奶 250ml，淡奶油 90ml，白砂糖 30g，香草精 1/2 小勺，蛋黄 2 个，全蛋 1/4 个。

做法

焦糖汁的制作：

1. 将 50g 白砂糖倒入不锈钢锅中。

2. 加入 15ml 冷水和几滴柠檬汁，小火加热，稍稍搅拌至白砂糖溶化。

3. 待糖汁快沸腾时，用羊毛刷蘸适量冷水，沿不锈钢锅边缘贴壁轻扫，使羊毛刷上的水将锅壁上未溶化的糖粒冲刷下去。

4. 煮至糖汁出现焦色时关火，迅速冲入 15ml 开水，用小勺快速搅拌均匀。

5. 倒入玻璃布丁瓶中，每个只盖住底部 1~1.5cm 高即可，凉凉冷却备用。

布丁的制作：

6. 将牛奶、淡奶油、白砂糖混合，加入香草精搅拌均匀。

7. 小火加热，至即将沸腾时离火（80~85℃），凉至稍凉（约60℃）。

8. 将蛋黄与全蛋（蛋黄、蛋清）一同打散。

9. 将蛋液一边缓缓倒入奶锅中，一边用小勺不停搅拌均匀，即成布丁液。

10. 将布丁液过滤一遍，转入尖口杯中（用绵片或纸巾将表面的气泡吸去，可使成品的表面更光滑）。

11. 倒入布丁瓶中。

12. 将烤盘注热水。

13. 烤箱预热，上下火160℃，放入烤箱中层，烤60分钟即可。

14. 烤好的布丁可以趁热食用，也可冷却后盖上盖子，放入冰箱中冷藏数小时后再食用，会有两种完全不一样的口感。

小贴士

1. 奶油和牛奶加热时温度不宜过高，应控制在80℃左右，过高的温度会使奶油和牛奶脂乳分离。

2. 冲入蛋液时温度也不宜过高，并且要一边缓缓加入，一边快速搅拌，以使蛋液与牛奶混合均匀，温度过高或者搅拌不均匀，会使蛋液凝结，冲出一锅蛋花汤。

3. 布丁液的过滤，是为了滤出未完全打散的蛋白，使成品的口感更加光滑细腻。

水果奶酪布丁

材料

纯牛奶 800ml，原味酸奶 200ml，开水适量，白砂糖 30g，吉利丁粉 4g，冷水 20ml，各式水果适量，巧克力酱适量。

做法

1. 用开水将酸奶机配套的专用碗消毒，将牛奶与酸奶倒入碗中，用消过毒的干净小勺搅拌均匀。

2. 盖上碗盖，放入酸奶机中。

3. 从边缘注入适量开水没至与碗壁齐平即可。

4. 盖上酸奶机的盖子，通电，发酵8小时。

5. 8小时后，在发酵好的酸奶中趁热加入白砂糖，搅拌至糖粒溶化，盖上盖子送入冰箱冷藏中止发酵。

6. 将吉利丁粉置于小碗中，加入20ml冷水搅拌均匀。

7. 用微波炉高火加热30秒至颜色透明。

8. 取约300g酸奶，将溶液冷却至常温或者常温以下后倒入酸奶中，搅拌均匀。

9. 转入花朵模具中，放入冰箱冷藏4小时。

10. 食用时将模具取出，放入热水中30秒左右取出，注意水不要没过模具。

11. 倒扣脱模于盘中。

12. 在盘中装饰上各式水果，表面挤上少量巧克力酱即可。

小贴士

1. 吉利丁液要冷却后再加入酸奶中，温度过高会使酸奶液化，并杀死酸奶中的部分益生菌，破坏营养成分。

2. 模具可使用任何一款小蛋糕模或者布丁模，如果没有模具，也可用小杯装。

3. 脱模时要注意，在热水中稍放即可，不可放置时间过长，否则会使布丁的表面溶化得很厉害，影响成品美观。

4. 布丁、慕斯类甜品一般需加热脱模，也可以用热毛巾捂，用电吹风吹，只需稍微加热模具外壁即可。

维尼熊芒果布丁

材料

芒果肉 100g，纯净水 50ml，糖粉 10g，吉利丁粉 5g，冷水 30ml，黑巧克力酱适量。

做法

1. 将芒果肉切成小丁。
2. 将芒果丁放入料理机中，加入纯净水与糖粉。
3. 搅打成均匀的果汁。
4. 将吉利丁粉放入冷水中浸泡。
5. 放入微波炉中加热 30 秒至透明。
6. 将吉利丁液倒入芒果汁中，搅拌均匀。
7. 将搅拌好的汁液倒入小熊布丁碗中，放入冰箱冷藏 1~2 小时使其凝固。
8. 将黑巧克力酱装入挤酱笔中，最后在布丁表面挤出小熊维尼的表情即可。

小贴士

1. 芒果可用黄桃或其他黄色水果代替。
2. 如果没有挤酱笔，可将巧克力酱直接装入裱花袋中，剪一个小口挤出即可。

橙汁果冻

材料

香橙味果珍粉 25g，水 200ml，白凉粉 20g。

做法

1. 取一个小奶锅，将 25g 香橙味果珍粉加入 200ml 水中搅拌均匀。
2. 再加入 20g 白凉粉搅拌均匀。
3. 小火加热至沸腾，一边加热一边搅拌均匀至无颗粒。
4. 将果冻液倒入鱼骨头冰格模具中，放入冰箱冷藏 1 小时以上。
5. 待凝固后扣出装盘即可。

小贴士

1. 果珍粉可用其他口味，根据宝贝的喜好进行选择。
2. 白凉粉、果冻粉一般超市有售，成分都是果胶。
3. 白凉粉也可用吉利丁粉或者吉利丁片来代替。

红豆沙水羊羹

材料

琼脂 5g，水 200ml，红豆沙 175g，白砂糖 10g。

做法

1. 琼脂置于碗中。
2. 加入 200ml 水浸泡 5~10 分钟，至琼脂涨发。
3. 将水与琼脂一起转入锅中，加入 10g 白砂糖，中火加热。
4. 沸腾后转小火，一边加热一边用勺子搅拌，至琼脂完全溶化时关火。
5. 准备 1 包红豆沙。
6. 取 175g 红豆沙。
7. 将红豆沙倒入琼脂溶液中搅拌均匀。
8. 转入星形模具中，放入冰箱冷藏 1 小时以上使其凝固，食用时脱模即可。

小贴士

1. 配方中的材料可做 7 个红豆沙水羊羹。
2. 琼脂又称卡拉胶条、石花菜，是一种从海藻类植物中提取出来的天然胶质。
3. 琼脂要用冷水浸泡，不能用热水或开水浸泡，冬天浸泡的时间相对要长一些。
4. 琼脂浸泡后会涨发至 2.5~5.0 倍大小，所以浸泡的水要充足。
5. 如果没有琼脂，亦可用果冻粉或者白凉粉代替。

桂花水晶凉粉

材料

白凉粉 50g，水 600ml，糖粉 15g，蜂蜜适量，干桂花适量。

做法

1. 将白凉粉和糖粉一起倒入汤锅中，加入 600ml 水搅拌均匀。
2. 中火加热至沸腾后转小火，再煮 1 分钟，一边煮一边搅拌，至光滑无颗粒。
3. 将溶液倒入碗中，隔水降温冷却。
4. 盖上盖子放入冰箱冷藏 2 小时至完全凝固。
5. 食用时用小勺取适量白凉粉置于碗中。
6. 加入适量蜂蜜。
7. 加入凉开水搅拌均匀。
8. 最后在表面撒上适量干桂花即可。

小贴士

1. 白凉粉一般超市有售。
2. 加水量自己调节，喜欢硬一点的口感就少加些水，喜欢嫩一些的口感就多加些水。
3. 脾虚泻泄、湿阻中焦、脘腹胀满、舌苔厚腻者不宜食用蜂蜜，所以如果你的宝贝有腹泄腹胀、积食、舌苔厚重、口气混浊等症状时，不可进食蜂蜜，可用糖水或者糖浆来代替。
4. 干桂花也可用桂花糖、桂花蜜或者玫瑰糖、玫瑰酱等代替。

蜜豆芋圆烧仙草

材料

南瓜芋圆材料：南瓜 300g，木薯淀粉 130g，马铃薯淀粉 40g，糖粉 30g。
紫薯芋圆材料：紫薯 300g，木薯淀粉 120g，马铃薯淀粉 30g，糖粉 30g，水适量。
仙草冻材料：黑凉粉 50g，水 1.25L。
配料：蜜豆 50g，牛奶 150ml，炼乳 10g。

做法

制作芋圆：

1. 将南瓜去皮切小块。
2. 上锅蒸至熟烂。
3. 将蒸好的南瓜取出，置于大碗中碾压捣烂成泥。
4. 在南瓜泥中加入木薯淀粉、马铃薯淀粉和糖粉。
5. 拌匀后揉和成光滑的粉团。
6. 以同样的方法制作紫薯粉团，唯一的区别就是紫薯较干，碾碎捣烂后要加入适量水搅和成泥状，再加入粉类揉和成团。
7. 将面团搓成细长条再切成小丁，即芋圆。
8. 锅中注水煮沸，下入芋圆，煮至再次沸腾时加入少量冷水，待再次煮沸后再加入少量冷水，如此反复多次，直至所有芋圆浮起时关火。
9. 将芋圆捞出，浸入凉开水中，放入冰箱冷藏备用。

制作仙草冻：

10. 取 50g 黑凉粉倒入小碗中。
11. 加入适量清水调成糊状。
12. 锅中加入 1.25L 水煮沸。
13. 取约 200ml 沸水缓缓加入凉粉糊中，一边加一边搅拌。
14. 调成比较稀的糊状。
15. 将碗里的糊全部倒入锅中，快速搅拌均匀。
16. 重新煮至沸腾后关火。
17. 转入玻璃碗中，凉凉后放入冰箱冷藏 30 分钟。

小贴士

制作蜜豆仙草芋圆：

18. 取适量蜜豆泡于温水中，用手轻轻扒散，去除蜜豆表面的黏稠物。

19. 滤出备用。

20. 取一个小碗，将冷藏过后的仙草冻取出，分切成小块，置于碗底。

21. 再加入蜜豆。

22. 加入两种芋圆。

23. 在牛奶中加入炼乳，搅拌均匀。

24. 将牛奶倒入装有仙草芋圆的小碗中即可。

1. 南瓜与紫薯一定要蒸至熟透，否则很难捣烂成泥。

2. 如果想要芋圆的口感更细腻，颜色更均匀光滑，可将南瓜泥与紫薯泥过筛一遍或者用料理机搅打成泥，得到更细腻的泥糊。

3. 往凉粉糊中加沸水时要注意，一定要缓慢地、一点点地加，如果速度过快很容易使其凝结成团。

4. 将凉粉糊倒入锅中后，可能会出现少量未搅拌化开的结块，如果想追求完美，可以在煮沸之前把溶液过滤一遍，但基本影响不大。

5. 配方中的分量都比较多，因为分量太少不易于操作，可以一家人享用。如果制作出来的半成品一次吃不完，可以密封冷藏保存。如果芋圆吃不完还可以将生坯冷冻保存，仙草可密封冷藏1周左右。

琉璃蛋

材料

白凉粉 50g，水 600ml，
糖粉 30g，干花适量，鸡
蛋 8 个。

做法

1. 准备 1 包白凉粉。
2. 将白凉粉与糖粉一起倒入锅中。
3. 加入水搅拌均匀。
4. 开大火煮沸，一边煮一边搅拌，至光滑无颗粒时关火。
5. 将千日红干花浸泡在水中 3~5 分钟。
6. 将鸡蛋抠一个小洞。
7. 用竹签搅散里面的蛋黄。
8. 倒过来让蛋液流出，只留下干净的蛋壳。
9. 将泡好的干花取出塞入蛋壳内。
10. 再将凉粉溶液用小勺装入蛋壳内，差不多装满即可。
11. 将装好的鸡蛋壳置于架子上，放入冰箱冷藏 1 小时即可。
12. 最后将冷藏至凝固的琉璃蛋取出，剥壳装盘即可。

小贴士

1. 白凉粉一般超市有售。
2. 千日红干花也可用任何一种其他干花代替，只是注意个头不要太大的，不然不好从小洞里塞进去。
3. 鸡蛋开小孔时要注意，用尖一点的竹签先钻一个小孔再抠一个小洞，开孔不可过大，否则装入溶液的时候不能装满，影响成品的外观。
4. 倒出的鸡蛋液可以做其他甜点。

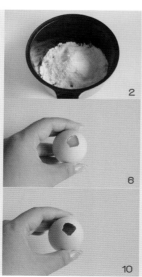

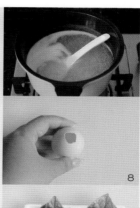

椰汁红豆糕

材料

椰汁 2 罐，淡奶油 50ml，
白砂糖 30g，香草精 3g，
吉利丁粉 4g，冷水适量，
蜜红豆适量。

做法

1. 准备 2 罐椰汁。
2. 将椰汁倒入奶锅中。
3. 加入淡奶油。
4. 加入白砂糖，搅拌均匀。
5. 置于火上小火加热，至即将沸腾时离火。
6. 加入香草精，搅拌均匀，凉凉备用。
7. 将吉利丁粉置于小碗中。
8. 加入适量冷水，搅拌均匀，浸泡 3 分钟。
9. 用微波炉高火加热 30 秒至颜色透明。
10. 将吉利丁溶液倒入椰汁奶油中，混合均匀。
11. 在玛德琳模具中放入适量蜜红豆。
12. 将锅中溶液倒入模具中，放入冰箱冷藏 4 小时至凝固，食用时脱模即可。

小贴士

1. 椰汁各超市均有售，如果买得到椰浆，用椰浆的口感更好。
2. 如果没有淡奶油，可以用冲调得比较浓的牛奶代替。
3. 如果没有香草精也可以不加。
4. 吉利丁粉夏天要用冰水浸泡，其他季节要用冷水浸泡，不可用热水或者开水。
5. 如果用吉利丁片，可将吉利丁片充分浸泡后挤干水分和椰汁一起下锅煮，搅拌至完全溶化后冷却即可。
6. 蜜红豆也可用椰果或者其他任何食材代替。

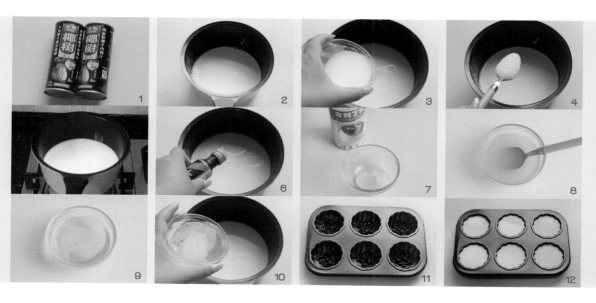

米奇奶油南瓜冻糕

材料

南瓜 200g，牛奶 250ml，淡奶油 250ml，白砂糖 40g，玉米淀粉 20g，水适量，吉利丁粉 8g，冷水 50ml。

做法

1. 将南瓜洗净去皮切小块，蒸锅注水，将南瓜放入蒸格上。
2. 盖上盖子，大火烧上汽后转小火，蒸 20 分钟。
3. 将蒸熟的南瓜取出碾压成泥。
4. 将南瓜泥与牛奶一同倒入料理机中。
5. 搅打成均匀的糊状。
6. 倒入奶锅中，加入白砂糖。
7. 再倒入淡奶油。
8. 一边小火加热一边搅拌，至即将要沸腾时关火。
9. 将玉米淀粉置于小碗中。
10. 加入少量水调匀。
11. 倒入锅中，搅拌均匀，小火加热 1 分钟左右，一边加热一边搅拌，感觉奶糊变得稍稍浓稠时立即关火。
12. 将吉利丁粉泡入 50ml 冷水中 3~5 分钟。
13. 用微波炉高火加热 30 秒使其透明。
14. 将吉利丁溶液倒入奶油南瓜糊中搅拌均匀。
15. 倒入固底容器中，冷却后放入冰箱冷藏 2 小时以上。
16. 待完全凝固后取出，用米奇饼干模具切出花形装盘即可。

1. 瓜泥必须与牛奶一同加入料理机搅打才会得出均匀的糊状，否则会有比较粗的纤维，影响口感。

2. 牛奶与奶油不可大火过分加热，即将沸腾时立即离火，否则会油水分离。

3. 水和淀粉要关火后加入，然后再开小火一边加热一边搅拌，感觉奶糊变得浓稠时要立即关火，否则会产生淀粉的结块。

4. 如果没有饼干模具，可以将冻糕倒扣直接切块，也可以将奶油南瓜糊倒入各种小杯、小碗等容易冷藏的容器中，取出时直接用小勺挖着吃，这样省去了脱模的麻烦。如果有其他形状的卡通小蛋糕模具，也可直接倒入模具中冷藏脱模，造型可以千变万化，随意发挥。

雪花椰奶蛋白冻糕

琼脂 5g，清水 200ml，椰汁 200ml，淡奶油 50ml，玉米淀粉 15g，水 30ml，蛋白 2 个，糖粉 40g。

做法

1. 将琼脂浸泡在 200ml 清水中 5~10 分钟，使其充分涨发。
2. 将泡好的琼脂连水一起倒入奶锅中，中小火加热。
3. 待加热至沸腾后转小火，一边加热一边搅拌，至琼脂完全溶化。
4. 加入椰汁与淡奶油搅拌均匀，小火加热至即将沸腾时关火。
5. 将 15g 玉米淀粉加入 30ml 水中调匀，倒入奶锅中，搅拌均匀。
6. 再次开小火，一边加热一边搅拌，感觉溶液开始变得浓稠呈奶糊状时，立即关火，将奶锅置于冰水中冷却。
7. 将蛋白打发至起粗泡后，分 3 次加入糖粉，搅打至七分发（即刚刚出现纹路即可）。
8. 将打发的蛋白刮入奶糊中。
9. 搅拌均匀。
10. 转入雪花硅胶模具中，放入冰箱冷藏 2 小时以上，取出脱模即可食用。

小贴士

1. 蛋白不用打发得过硬，半硬性稍带流动性即可，过硬的蛋白与奶糊混合时会造成比较大的空隙，影响成品的凝结性和外观的平整性，口感也不细腻。

2. 奶糊要冷却至常温左右才能加入蛋白，过高的温度会使蛋白消泡，影响糕体的蓬松度。

第 3 章

冰品、饮品、
沙拉

这款水果捞，冬天可以热食，夏天冷藏过后口感更佳，还可以制作成水果罐头。水果的品种可以随意选择，只要注意颜色和口感的搭配即可。

水果派对

材料

火龙果 1 个，哈密瓜 100g，椰果 100g，樱桃60g，菠萝 100g，清水 400ml，冰糖 30g。

做法

1. 将火龙果对剖，用水果挖球器挖出小球。
2. 将哈密瓜同样挖出小球。
3. 将椰果罐头滤出糖水，过水冲洗一下，滤出备用。
4. 将樱桃罐头同样操作。
5. 将菠萝去皮切小丁。
6. 将汤锅注入清水，再加入冰糖。
7. 中火加热，同时用小勺搅拌，煮至沸腾，冰糖完全溶化。
8. 下入所有的水果，再煮 1 分钟关火。

小贴士

1. 各种水果的大小要基本保持一致，这样成品更加美观。
2. 水果不宜久煮，煮过久会流失大部分的维生素，但如果是为了便于贮藏，可以加多一倍的冰糖煮至水果完全熟透，放入干净的消过毒的玻璃容器中密封，这样就制作成了水果罐头，可以保存较长的时间。

西蓝花海苔树

材料

西蓝花 150g，海苔 3 片，
圣女果 2 个，胡萝卜 1 片，
盐 3g。

做法

1. 将西蓝花撕成小朵，过水冲洗干净。
2. 将汤锅注水，加入盐，煮至沸腾。
3. 将西蓝花下入锅中，大火煮 3~5 分钟。
4. 将西蓝花捞出备用。
5. 将海苔放入清水中浸泡 3 分钟。
6. 撕碎后用滤网捞出。
7. 将煮过西蓝花的水再次煮沸，将海苔连同滤网在沸水中过几遍，捞出备用。
8. 取一个长盆，用西蓝花摆出树顶的造型。
9. 再用海苔做出树干的造型。
10. 将圣女果从 3/4 处横切一刀。
11. 将切面朝下平入，切下来的那一小片圣女果从中对剖做成兔子的两只耳朵，再在圣女果的前 1/3 处切一个开口，将兔子耳朵塞进去，小兔子就做好了。
12. 最后将胡萝卜切成小花形状，加上小兔子摆在树旁即可。

小贴士

1. 西蓝花也可用少量橄榄油拌匀后再做摆盘，营养更丰富。
2. 海苔浸泡撕散后会很细碎，不可直接下锅煮，要连同滤网一起在锅中煮，也可以用勺子将沸水倒在滤网上冲下，多冲几次即可，海苔是即食食物，不宜久煮，否则会造成营养流失。
3. 圣女果最好挑选规整的椭圆形状的，比较适合做兔子的造型。
4. 圣女果不宜选用太过熟烂的，要用稍硬一些的，这样切出来的耳朵更方便插入，太软则不利于做造型。
5. 胡萝卜花可以切成片后用尖嘴剪刀剪出花边，方便做造型。
6. 如果宝贝喜欢吃沙拉酱，可以在西蓝花上斜着挤出几道沙拉酱的线条，再撒上星星糖做圣诞树造型亦可。

椰汁芒果
西米露

材料

芒果肉 100g，椰汁 80ml，
干西米 50g，白砂糖 10g。

做法

1. 将干西米置于碗中。
2. 加入 5~10 倍干西米量的清水，浸泡 10~15 分钟。
3. 将奶锅注水，煮至沸腾。
4. 将泡发的西米倒入锅中，再次煮沸后用汤勺稍作搅拌，关火。
5. 盖上盖子闷 15 分钟。
6. 倒出西米滤干水分，并过冷水冲洗。
7. 再煮一锅水，待水沸腾后下入西米，煮至再次沸腾时转小火，一边搅拌一边加热，煮至西米无白心时关火。
8. 将煮好的西米捞出泡于凉开水或者冰水中，放入冰箱冷藏。
9. 将芒果肉切成小块。
10. 倒入料理机中，加入椰汁和白砂糖。
11. 搅打成均匀的果泥。
12. 将果泥倒入碗中，表面加上适量西米即可。

小贴士

1. 芒果与椰汁若事先冷藏过，口感会更好。
2. 糖量可酌情加减，根据个人口味调节。
3. 西米因为很难煮，所以一次可以多做一些，剩余西米可密封冷藏保存3~5天。
4. 煮西米时一定要注意随时搅拌，以防粘锅。
5. 如果不喜欢椰汁的口味，也可换成牛奶或其他饮品。

材料

糯米 200g，寿司醋 10ml，石榴 1 个，柳橙 1 个，薄荷叶适量。

水果寿司塔

做法

1. 将糯米置于一个大碗中。
2. 淘洗干净后加入 1~1.5 倍量的水，浸泡 4 小时以上。
3. 蒸锅中隔纱布，将糯米倒在纱布上，大火烧上汽后转小火，蒸 30~35 分钟。
4. 将蒸熟的糯米盛出，加入寿司醋，趁热翻拌均匀，凉凉备用。
5. 石榴去壳剥出果粒。
6. 将柳橙切 1cm 厚的圆片，用圆形慕斯圈切去周边的柳橙皮和多余的果肉。
7. 在慕斯圈底部用小勺压实一层糯米，放一片柳橙片，再压一层糯米，放一层石榴，再压一层糯米，放一片柳橙，全部码放起来。
8. 最后取出慕斯圈，再在表面装饰上薄荷叶即可。

小贴士

1. 糯米不可用热水、开水浸泡，要用冷水长时间浸泡，才能让糯米充分涨发。
2. 蒸糯米的时候蒸锅中要隔纱布，否则糯米很容易从蒸格的小洞中掉下去。
3. 蒸糯米的过程中可开盖一次，将糯米翻拌一下，将中间未蒸透的糯米翻至上方，洒适量水再继续蒸，这样能较容易将糯米均匀蒸熟。
4. 糯米比较黏，入模的时候将手心和勺子上都沾上水就比较容易操作。
5. 每一层都要注意用小勺的勺背按压紧实，不然脱模的时候会松散开来。

番茄西米盅

材料

西米 100g，水适量，香橙味果珍粉 15g，番茄 2 个，叶子 2 片。

做法

1. 将西米置于一个大碗中。
2. 装入 3 倍以上西米量的冷水，浸泡 15 分钟。
3. 将汤锅注水煮沸。
4. 下入泡好的西米，煮至再次沸腾时关火。
5. 盖上盖子闷 5 分钟。
6. 然后倒出过水冲洗。
7. 再煮一锅沸水，将西米再次倒入，一边煮一边搅拌，煮至西米完全透明时关火。
8. 取 15g 果珍粉置于一个大碗中，加少量白开水调匀。
9. 然后将煮好的西米捞出置于碗中，浸泡 15~20 分钟。
10. 将 2 个番茄切去顶部，用小勺掏空。
11. 取 2 片叶子垫底，将泡好的西米倒入番茄盅中即可。

小贴士

1. 西米不可用热水或开水浸泡，只能用冷水。
2. 煮西米时要注意不断搅拌，以免粘锅。
3. 真正的鱼子酱并不适合宝贝食用，所以这里用泡过橙汁的西米来代替，水果口味更受宝贝喜欢。
4. 叶子只做装饰用，不可食用，垫底时要过开水烫一下消毒，如果没有也可以不用。

红豆彩糖豆花

黄豆 100g，水 1L，葡萄糖酸内脂 3g，
纯净水 15ml，白砂糖适量，蜜红豆适量，
彩糖适量。

做法

1. 将黄豆置于一个大碗中。
2. 加入 3~5 倍黄豆量的水浸泡 4~6 小时。
3. 将泡好的黄豆滤净水分备用。
4. 将黄豆倒入豆浆机中，加入 1L 左右的水。
5. 盖上盖子，选择相应程序煮成豆浆。
6. 将煮好的豆浆滤去豆渣，冷却至 85℃ 左右。
7. 将葡萄糖酸内脂置于一个小碗内。
8. 加入纯净水搅拌至溶化。
9. 将内脂溶液倒入豆浆中搅拌均匀，静置 10 分钟
左右即可凝固成豆花。
10. 取适量豆花装入小碗中。
11. 加入适量白砂糖，撒上蜜红豆。
12. 再撒上少量彩糖装饰即可。

小贴士

1. 黄豆充分浸泡后制作出的豆浆味道更
好，所以浸泡时间一定要充分，虽然现在
很多豆浆机用干豆也能制作豆浆，但是用
湿豆制作出来的豆浆比干豆味道好。
2. 加入内脂后的豆浆要注意保温，夏天
要盖上盖子，冬天要放入烧上汽后关火的
蒸锅中，以免豆浆在凝固的过程中冷却。
3. 红豆和彩糖也可换成小丸子、芋圆、
水果、珍珠、西米、仙草等其他食材，可
根据个人喜好自由搭配。

桂花酸梅汤

材料

甘草 10g，山楂 15g，乌梅 20g，冰糖 30g，干桂花适量，水 500ml。

做法

1. 准备好所需食材。
2. 将所有材料倒入汤煲中，加入水。
3. 盖上盖子，大火煮沸。
4. 沸腾后转小火，开盖搅拌一下，至冰糖完全溶化，再煮 5 分钟关火。
5. 将汤汁过滤一遍。
6. 最后在表面撒上干桂花即可。

小贴士

酸梅汤具有清热解暑之功效，是夏天开胃化积的良品，但市售的成品酸梅汤都含有大量的防腐剂和人工香料，而市售的半成品酸梅膏，更是用香精和化工原料勾兑而成的，不是真正的酸梅汤，最好不要给宝贝喝。如果想安全放心，还是自己在家煮吧，所用材料在任何一家中药房均可买到，几块钱一大包，可以煮 3~5 次，相对而言更便宜实惠。

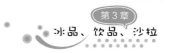

综合果蔬汁

材料

胡萝卜 1 根，柑橘 1 个，柳橙 1 个，圣女果 8 个，白砂糖 40g，纯净水适量。

做法

1. 将胡萝卜去皮切小块。
2. 将柑橘去皮剥成瓣。
3. 将柳橙切小块去皮。
4. 将圣女果洗净备用。
5. 将所有蔬果倒入料理机中，加入白砂糖。
6. 加入没过所有材料的纯净水。
7. 搅打成均匀的果浆。
8. 转入滤杯中，按压滤出果汁即可。

小贴士

1. 蔬果的品种可自行选择和搭配，只要口味不太冲突就好，基本搭配是酸配甜，这样口味比较能中和。
2. 水果的颜色也要基本相近，类似于黄橙红可搭配，白绿浅黄亦可搭配，但绿加红或者紫，颜色就不好看了。

3. 加入的糖量可自己调节，一般比较酸的水果要加糖，有些水果本身很甜，水分亦多，如西瓜，就可以不用再加糖和水了。
4. 夏天将果汁冷藏后再食用口感更佳。
5. 过滤时不用滤得特别干净，有少量果肉和纤维更有利于宝贝的肠道健康。

1

2

3

4

5

6

7

8

玉米雪糕

材料

牛奶 200ml，淡奶油 100ml，白砂糖 30g，玉米粉 15g，糯米粉 15g。

做法

1. 将牛奶与淡奶油加入奶锅中，混合均匀，再加入白砂糖，搅拌均匀。
2. 筛入玉米粉和糯米粉。
3. 用手动打蛋器搅拌均匀。
4. 置于火上小火加热，一边加热一边用橡皮刮刀搅拌。
5. 倒入雪糕模具中。
6. 插入棍子，放入冰箱冰冻 4 小时即可。

小贴士

1. 市售的玉米粉中有已经加入糯米粉的混合粉，所以如果买到的玉米粉是混合的，直接取 30g 即可。
2. 加热时要注意不停搅拌，避免结块糊锅。
3. 小火加热，温度过高很容易煮糊。
4. 煮至即将沸腾时关火，牛奶与奶油加热温度过高会造成油水分离，表面会结皮。

绿豆冰棍

材料

绿豆 60g，水 120ml，白砂糖 50g。

做法

1. 将绿豆淘洗干净置于高压锅中，加入 120ml 水。
2. 高压锅大火烧上汽后转小火，压制 30 分钟。
3. 将压制好的绿豆倒入料理机中。
4. 加入白砂糖。
5. 搅拌成绿豆沙。
6. 倒入棍模中，放入冰箱冷冻 2 小时以上，食用时取出脱模即可。

小贴士

1. 如果你想要冰棍的颜色更绿，你可以在加入白砂糖的同时，加入一勺抹茶粉，但加入抹茶粉之后会有少许的苦味。

2. 你也可以用同样的方法制作红豆、黑豆等各种豆类的冰棍，需要注意的是，如果你选用的豆子种类颗粒比较大，最好事先浸泡至涨发再煮制，这样比较容易熟。

红豆果酱冰沙

材料

冰块适量，草莓果酱 15g，纯净水 10ml，炼乳 15g，蜜红豆 25g。

做法

1. 在冰格中注入纯净水，放入冰箱冷冻 4 小时左右，制成冰块。
2. 将草莓果酱置于小碗中。
3. 加入 10ml 纯净水，用微波炉加热 30 秒后搅拌均匀，冷却备用。
4. 将冰块倒入料理机中，搅打成冰沙。
5. 取适量冰沙置于杯中。
6. 淋上炼乳。
7. 加上果酱。
8. 撒上蜜红豆即可。

小贴士

1. 一般的家用料理机打不出冰沙，可以用专用的冰沙机或者用刨皮机。
2. 果酱溶液一定要完全冷却后再加入冰沙中，否则热的果酱溶液很容易使冰沙溶化。
3. 如果没有炼乳，可以用砂糖或者蜂蜜代替。
4. 蜜红豆也可以换成其他水果或者巧克力、彩糖等。

香草冰淇淋杯

材料

牛奶 300ml，淡奶油 150ml，香草精 5g，蛋黄 4 个，白砂糖 150g，巧克力豆适量，奥利奥饼干适量。

做法

1. 将牛奶倒入奶锅中。
2. 加入淡奶油。
3. 加入香草精。
4. 搅拌均匀后，置于火上，中小火加热，至即将沸腾时关火。
5. 取一个大碗，加入蛋黄。
6. 再加入白砂糖。
7. 用打蛋器搅打至发白。
8. 再将锅中的热牛奶溶液缓慢地一点点倒入蛋糊中，一边倒一边搅拌。
9. 直至混合成均匀的奶糊。
10. 将奶糊倒回锅中，微火加热，一边加热一边搅拌，感觉稍稍带点黏稠时立即关火。
11. 将奶糊装入碗中密封冷冻，隔 1 小时左右取出用电动打蛋器低速搅打 30 秒。然后再次放入冰箱冷冻，反复 3~5 次后，不再搅打，放入冰箱冷冻至完全凝固即可。
12. 用冰淇淋挖球器挖成圆球，放入杯中，表面装饰上奥利奥饼干与巧克力豆即可。

小贴士

1. 如果没有香草精可以用香草粉代替，如果使用香草豆荚，在煮完后要将溶液过滤一遍，去除豆荚的残留物。
2. 往蛋黄糊中加热牛奶时，注意要缓慢地一点点地加入，一边加一边不停地搅拌，加得过多过快会使蛋黄凝结。
3. 热牛奶的温度不可过高，沸水冲入就成蛋花汤了，温度宜在 85℃左右，也不可过低，过低的温度无法使蛋黄糊化。
4. 冷冻后注意观察状态，要刚刚结冻又未完全冻硬时，取出打发效果最好，多次搅打是为了增加冰淇淋膨松的口感，所以不要偷懒，一般最少也要搅打两次，才能做出好吃的冰淇淋。

奥利奥麦旋风

材料

牛奶 300ml，淡奶油 150ml，香草精 5g，蛋黄 4 个，白砂糖 150g，奥利奥饼干适量，棍子饼干适量。

做法

1. 将牛奶倒入奶锅中。
2. 加入淡奶油。
3. 加入香草精。
4. 搅拌均匀后，置于火上，中小火加热，至即将沸腾时关火。
5. 取一个大碗，加入蛋黄。
6. 再加入白砂糖。
7. 用打蛋器搅打至发白。
8. 再将锅中的热牛奶溶液缓慢地一点点倒入蛋糊中，一边倒一边搅拌。
9. 直至混合成均匀的奶糊。
10. 将奶糊倒回锅中，微火加热，一边加热一边搅拌，感觉稍稍带点黏稠时立即关火。
11. 将奶糊装入碗中密封冷冻，隔 1 小时左右取出用电动打蛋器低速搅打 30 秒，然后再次放入冰箱冷冻。反复 3~5 次后，不再搅打，放入冰箱冷冻至完全凝固即可。

12. 将奥利奥饼干刮去中间的奶油，用手掰成小块。
13. 取适量冰淇淋置于大碗中，倒入饼干碎，用叉子搅拌均匀。
14. 将搅拌后的冰淇淋装入杯中，表面装饰上整块的奥利奥饼干和棍子饼干即可。

小贴士

如果想要更流动的质感，可以用冻得不是很硬的冰淇淋，装入裱花袋中配大号八齿花嘴，然后以螺旋状挤入杯中或者蛋筒中，可以更有旋风或者火炬的效果。

第 4 章

特色小零食

超萌小鸡烧果子

材料

炼乳 75g，蛋黄 1 个，低
筋面粉 100g，蛋清适量，
巧克力酱适量。

做法

1. 取一个大碗，装入炼乳和蛋黄。
2. 搅打均匀。
3. 筛入低筋面粉。
4. 用橡皮刮刀拌成絮状。
5. 再用手揉和成光滑的面团。
6. 包上保鲜膜，放入冰箱冷藏 30 分钟。
7. 将面团取出，用刮板分割成七份，六份略大，一份略小。
8. 将较大的面团搓圆后揉捏成小鸡的形状，再将小面团取一小片，制作成小鸡的翅膀。
9. 将整形好的小鸡排入烤盘，表面刷少量打散的蛋清。
10. 烤箱预热，上下火 170℃，放入烤箱中层，烤 15~20 分钟，取出凉至稍凉。
11. 将挤酱笔中装入适量巧克力酱。
12. 挤出小鸡的眼睛和翅膀羽毛。

小贴士

炼乳是为了增加面团的黏合性，可以用蜂蜜或者糖浆代替，但会缺少浓郁的奶香，所以如果用其他材料代替炼乳，则需要在面粉中加入奶粉，即将 100g 面粉改为 80g 面粉、20g 奶粉。

铜锣烧

为了使宝贝营养均衡以及吃到多种口味，你也可以用其他馅料代替红豆沙馅。多种口味的变化可以让宝贝有更多的选择，不会因为食物单一而厌食。你也可以用小汤勺取面糊，做成小小个的迷你铜锣烧，非常适合年龄较小的宝贝们。

材料

鸡蛋2个，细砂糖100g，蜂蜜1勺，
低筋面粉125g，泡打粉1小勺，
水60ml，红豆沙100g。

做法

1. 将 2 个鸡蛋打入碗中。
2. 加入 100g 细砂糖和 1 勺蜂蜜。
3. 搅打均匀，至蛋糊微微发白。
4. 将低筋面粉与泡打粉混合后筛入蛋碗中。
5. 加入 60ml 清水。
6. 搅拌成均匀的蛋糕。
7. 将不粘平底锅用羊毛刷抹少量油，中火烧热后转小火。
8. 用圆底汤勺舀 1 勺面糊倒入锅中，摊成圆形饼皮。
9. 看到面饼中间开始出现比较大的气泡时，将饼皮翻面。
10. 再烙 10~15 秒即可，重复步骤 9、10，直至烙完所有面饼。
11. 取适量红豆沙，抹在一片已经烙好的饼皮中间。
12. 再盖上另一片饼皮，铜锣烧就做好了。

小贴士

1. 烙饼皮时一定要使用不粘锅，锅底抹油与否均可，如果抹油注意不要抹太多，刷极薄的一层即可。
2. 面糊中鸡蛋与糖的成分较多，面糊加热后容易变色，所以烙饼皮时全程都要用最小火。烙第一面时 30~50 秒即可，超过 1 分钟面皮的颜色会过深，掌握面皮的火候需要随时注意观察面皮的正面，待面皮表面出现较多的蜂窝状的气泡时，就可以将面饼翻面了，翻过来后只需要再烙 10 秒左右即可，不用烙太长时间，否则会使面饼过硬，影响口感。
3. 红豆沙馅是正宗日式铜锣烧的唯一馅料，但为了使宝贝营养均衡以及吃到多种口味，你也可以用枣泥馅、莲蓉馅、奶黄馅、紫薯馅等其他馅料代替。

糖烤栗子

糖烤栗子很适合秋冬季节给宝贝们当零食，甜而不腻，暖意融融，是家庭必备的休闲小零食。

材料

板栗 500g，黄油 20g，糖 40g，水 40ml。

做法

1. 将板栗清洗干净，滤干水分备用。
2. 用小刀从正中间的壳上划一刀，只划开口即可，尽量不要划到果肉。
3. 将所有板栗逐一划出开口。
4. 取一个大盆，放入 20g 黄油。
5. 隔水加热融化。
6. 将板栗倒入盆中翻拌摇晃均匀。
7. 烤盘铺锡纸，将沾过黄油的板栗倒在烤盘上，最好将板栗的开口面翻至朝上。
8. 烤箱预热，上下火 200℃，放入烤箱中层，烤 20 分钟。
9. 取出烤盘，这时板栗都已烤至开口裂开。
10. 在已取出板栗的黄油盆中加入 30g 糖以及 30ml 水，混合均匀后中火加热至沸腾，然后转小火，煮至糖汁变得稍浓稠时，关火。
11. 将烤好的板栗再次倒入盆中，翻拌摇晃均匀，使每一颗板栗都均匀地裹上糖汁。
12. 将裹上糖汁的板栗再次倒入烤盘，上下火 180℃，烤 10 分钟即可。

小贴士

1. 板栗要选择干净光滑无虫洞的，而且形态要颗粒饱满，一面平一面鼓的半圆形板栗是较好的标准。
2. 板栗的大小最好比较适中，太大不容易烤熟，太小则不便于操作。
3. 如果不喜欢黄油的味道，你也可以用其他植物油代替。
4. 有些人喜欢把划开的板栗泡在糖水里一夜之后再放入烤箱烘烤，其实这种做法并不好，因为泡过水的板栗再烤的话，不仅需要花费更多的时间，口感也不如直接生烤的口感面（因为浸泡过多的水会使淀粉质流失），而且板栗本身只要烤熟就会有天然的清甜味，无须加泡糖水来增加甜度。
5. 糖浆不可煮得过干，煮得太干的糖浆很容易在板栗表面结成结晶块，影响美观。

冰糖葫芦串

冰糖葫芦鲜艳欲滴，而且取自纯天然的水果，让宝贝们看了垂涎不已。水果型的糖葫芦，丰富多样，晶莹剔透，吃起来酸酸甜甜，清香可口，是宝贝们解馋的绝佳美味小零食。

材料

圣女果 20 个，奇异果 1 个，苹果 1 个，白砂糖 150g，水 100ml。

做法

1. 将圣女果洗净。
2. 将奇异果去皮切成与圣女果差不多大小的丁。
3. 将苹果去皮切成同样大小的丁。
4. 将三种水果用竹签穿起备用。
5. 锅中加入 150g 白砂糖。
6. 加入 100ml 水。
7. 中火加热。
8. 用一根筷子稍搅拌至糖溶化，煮至糖汁沸腾。
9. 这时可用毛刷沾少量水，将锅壁上溅上的糖汁和未溶化的糖晶体冲刷下来。
10. 煮至糖汁颜色变至金黄色时，关火。
11. 静置几秒钟，至气泡消失。
12. 趁热快速倒在水果串上，尽量使每一粒都粘上糖汁，如果速度够快，可将水果串再浇一次反面。

小贴士

1. 在煮糖浆的时候，我们需要用毛刷沾水把锅壁上的糖浆洗刷下去，因为搅拌很容易使糖浆附着到锅壁上。

2. 将糖浆倒在水果上时，速度一定要快，可以借助橡皮刮刀做工具，用刮刀刮起一大块糖浆，快速地在表面抹一遍，如果速度够快，糖浆还未快速凝结的时候，可将反面再抹一遍，同时记得将每一串水果串分开，否则等凝固之后水果串就分不开，而变成一块板了。

3. 糖浆不可煮得太干太浓稠，过干的糖浆降温后会在几秒钟内迅速凝结，要煮到即将可以拉出丝来，但又不能拉出丝来的时候就可以了，如果糖浆已经可以拉丝了，就表示你煮得过干了。

爆米花火山

干玉米粒 100g，鲜奶油 150ml，
黑巧克力 70g，无盐黄油 20g，
五彩星星糖适量。

做法

1. 取一个微波炉专用的大碗，将干玉米粒均匀地撒在碗底。
2. 盖上盖子，放入微波炉高火加热4分钟。
3. 取出后立即打开盖子放至稍凉。
4. 准备50ml鲜奶油，20g黄油，70g黑巧克力切碎备用。
5. 不粘平底锅小火加热，下入黄油融化。
6. 将巧克力和奶油倒入锅中，立即关火。
7. 用木铲轻轻搅拌使其融化成均匀的巧克力酱。
8. 将爆米花倒入锅中，迅速翻炒均匀，关火凉至稍凉。
9. 将另外100ml鲜奶油用打蛋器中速打发至硬性发泡，即旋转过后奶油出现清晰的纹路即可。
10. 取一个大盘，将打好的奶油用橡皮刮刀抹入盘底做成火山基座。
11. 将锅中的爆米花码入盘中，堆成火山形状。
12. 最后将五彩星星糖均匀地撒在巧克力火山表面作为装饰即可。

小贴士

1. 干玉米粒一般超市有售，如果买不到，可以将新鲜玉米剥粒，在太阳下晒干即可。
2. 爆米花爆好后要立即开盖凉凉，以免热气聚在碗中，爆米花就不脆了，注意碗底可能有没有爆开的玉米粒，所以要挑捡一遍，将未爆开的玉米分出来，只留下爆好的爆米花。
3. 打发奶油作为火山基座是为了更利于爆米花的堆砌和粘连，如果嫌过于甜腻也可以不加。
4. 五彩星星糖只是作为表面装饰，如果没有可以不加，也可以用其他彩糖代替。

奶油爆米花

材料

材料

干玉米粒 80g，鲜奶油 60ml。

做法

1. 将炒锅大火烧热，转中火，下入玉米粒翻炒。
2. 炒至玉米颜色开始变深时，转最小火，盖上盖子，约 1 分钟便可听到锅内有噼啪的响声，这表明玉米已经开始开花了。
3. 待锅内基本没有了声响之后，开盖，关火，将爆米花冷却备用。
4. 将鲜奶油倒入打蛋盆内，用电动打蛋器中速搅打至出现纹路即可。
5. 取 1~2 铲打发鲜奶油加入锅中。
6. 快速翻炒均匀即可。

小贴士

1. 一定要用干玉米粒，新鲜玉米粒无法做爆米花。
2. 炒锅干烧热，不要放油。
3. 炒玉米的过程中要不停地用锅铲翻炒，否则玉米容易变黑变糊。

4. 盖上锅盖之后，为了防止受热不均，可以不时地连着盖子晃动一下锅。
5. 鲜奶油要等爆米花冷却或者半冷却之后再加入，如果在热的爆米花中加入奶油会让爆米花的口感变软，不酥脆。

糖不甩

材料

糯米粉 110g，冷水 90ml，酒鬼花生 20g，白芝麻 5g，椰蓉 5g，白砂糖 10g，生姜 3~5 片，黄砂糖 40g，红糖 10g，水 100ml。

做法

1. 将糯米粉置于一个大碗中。
2. 加入冷水。
3. 用橡皮刮刀拌匀成团。
4. 分成 20g 一个的小剂子，用掌心搓圆。
5. 煮一锅水，沸腾时下入汤圆，煮至再次沸腾时转中火，加入少量冷水，再次沸腾后再加水，反复 3 ~ 5 次，至汤圆完全浮起时关火。
6. 将煮好的汤圆捞出浸泡于冷水中。
7. 炒锅烧热转小火，下入碾碎的花生碎，再加入白芝麻，干炒出香。
8. 盛入小碗中，趁热加入椰蓉和白砂糖，混合均匀备用。
9. 另取一口锅，加入姜片、黄砂糖、红糖与水，大火煮至沸腾时转小火，再煮 3~5 分钟。
10. 将姜片取出，将汤圆捞出下入锅内，转大火再煮 3~5 分钟，在煮的过程中要注意把汤圆翻几次面，使汤圆上色均匀。
11. 将煮好的汤圆捞出置于盘中，浇少量锅中的糖汁，在表面再撒上酒鬼花生、白芝麻、椰蓉碎的混合物即可。

小贴士

1. 糖不甩冬天可热食，夏天冷藏后食用，糖汁的口感会更黏稠。
2. 如果有广东片糖，做出来的糖不甩口感和颜色更佳，如果没有也可用太古的黄砂糖或者金砂糖代替。
3. 红糖不可放得过多，否则颜色会过深。
4. 花生与芝麻都必须是熟的，生的花生和芝麻口感不香。

燕麦巧克力脆饼

材料

黑巧克力 100g，燕麦片 100g，杏仁碎适量。

做法

1. 将燕麦片平铺于烤盘中，放入烤箱，上下火 150℃，烤盘放入烤箱中层，烤约 5 分钟，取出凉凉。
2. 将黑巧克力切碎置于碗中，隔 50℃左右的温水搅拌至完全熔化。
3. 冷却至常温（即 25~28℃）。
4. 将燕麦片倒入巧克力碗中。
5. 用小勺搅拌均匀。
6. 将圆形慕斯圈底部包锡纸。
7. 将燕麦片巧克力加入模具中，四分满即可，用勺背将表面轻轻压平。
8. 将表面撒适量杏仁碎，放入冰箱冷冻 1 分钟，取出脱模即可。

小贴士

1. 燕麦片烘烤过后更香更脆，但要注意烤的时间和温度，时间过长或者温度过高都会烤糊。
2. 刚出炉的燕麦片是比较软的，一定要凉凉后使水分自然蒸发，所以烤过的燕麦片一定要凉至完全冷却后再倒入巧克力糊中。
3. 巧克力糊要冷却至室温或者室温以下，呈现缺乏流动性的半凝固状态，才不会影响燕麦片的口感，过高的温度会将燕麦片泡软。

芝心地瓜球

芝心地瓜球外酥里香，鲜甜可口，是给宝贝准备的不错的小点心。

材料

红薯 200g，糯米粉 150g，糖粉 40g，马苏里拉芝士 100g，面包糠适量，植物油适量。

做法

1. 将红薯去皮切小块。
2. 放入蒸锅蒸熟后置于一个大碗中碾压成泥。
3. 加入糯米粉和糖粉。
4. 用橡皮刮刀翻拌均匀。
5. 倒在硅胶垫上，用手揉和成光滑的面团。
6. 将马苏里拉芝士切碎成小粒。
7. 将面团分成 45g 一个的小剂子，逐一搓圆。
8. 取一个小剂子按扁擀成圆形面皮，中间放上少量马苏里拉芝士碎。
9. 收口包圆重新搓成球。
10. 将小球在面包糠中滚一圈，使表面均匀地沾上面包糠。
11. 将剩余材料重复步骤 8~10 操作完成。
12. 锅中倒油烧热，油温四成热时转小火。
13. 下入生坯炸制，定形后翻几次面，使上色均匀。
14. 炸至两面呈金黄色时捞出滤油即可。

小贴士

1. 红薯最好选用红心红薯，颜色更漂亮，口感更好。
2. 如果没有马苏里拉芝士，可以用芋泥、红豆沙馅、枣泥馅、糖桂花、花生馅等替代。
3. 包圆收口时要注意，一定要捏合完全，不可留下小缝或小孔，否则在炸制过程中，很容易因为加热膨胀而使内馅流出。
4. 炸制时要用小火温油，油温过高会使表面炸黑，而内里不熟。
5. 下锅后一定要等表皮炸定型，变得硬一些的时候再翻面，不然会使球体变形，粘连在一起，影响成品美观。

椰蓉紫薯奶油球

材料

紫薯 200g，糖粉 50g，奶油奶酪 60g，椰蓉 50g。

做法

1. 取紫薯 200g。
2. 将紫薯洗净去皮切成小块。
3. 放入蒸锅中。
4. 大火煮沸后转小火，蒸 15 分钟。
5. 将蒸好的紫薯取出置于一个大碗中碾压成泥。
6. 趁热加入糖粉，搅拌均匀。
7. 奶油奶酪室温软化，加入紫薯中。
8. 用搅拌机搅打成泥。
9. 用橡皮刮刀拌成团。
10. 取 50g 左右紫薯泥，搓成光滑的圆球。
11. 放入椰蓉中滚匀。
12. 最后放入纸托中即可。

小贴士

1. 紫薯一定要完全蒸熟，才较易碾压成泥。
2. 椰蓉可用芝士粉、饼干屑、花生碎等代替。

材料

黄油 25g，糖粉 30g，鸡蛋 1 个，高筋面粉 100g，低筋面粉 100g，牛奶 100ml，色拉油适量（烹炸用），糖粉适量（表面筛粉）。

做法

1. 将黄油置于一个大碗中室温软化,加入糖粉。
2. 用打蛋器搅打至顺滑。
3. 鸡蛋1个打散,分2~3次加入黄油碗中,每一次都要搅打至完全融合后再加第二次。
4. 搅打成均匀的糊状。
5. 将两种面粉混合筛入碗中。
6. 加入牛奶,用手动打蛋器搅拌均匀。
7. 配中号八齿花嘴,装入裱花袋中,放入冰箱冷藏30分钟。
8. 将冷藏后的面糊在硅胶垫上挤出长条状,连硅胶垫一同放入冰箱冷冻2小时。
9. 锅中倒入半锅色拉油,大火烧至四成热时转小火。
10. 将冷冻后的面棒抠出,下油锅炸至两面焦黄。
11. 捞出滤油。
12. 置于盘中,趁热筛上糖粉即可。

小贴士

1. 面团一定要挤在硅胶垫或者厚一点的胶布上,如果没有硅胶垫只有烤纸或者锡纸,可在纸下加垫一层硬板再操作,冷冻的时候连板一起移动。
2. 面棒生坯冷冻的时候一定要连底一同放入冰箱,放入的时候也要注意,底部一定要平,最好放在冰箱中冻饺子那一格。
3. 面团冷冻后再下锅炸是为了面团的成型,如果冷冻不到位,面团会稀软粘手,很难完整有形地取出。
4. 这是一款传统的欧式点心,比较适合西方人的口味,所以面团是和法棍一样比较有韧性的,如果想要更酥脆的口感,可以完全用低筋面粉来制作,那就是一种类似油炸饼干的口感了。如果用低筋面粉,冷冻的时间可以大大缩短。

巧克力屋

材料

黑巧克力 500g，
白巧克力 100g，
彩糖适量。

做法

1. 将黑巧克力切碎置于一个大碗中。
2. 隔 50℃左右温水熔化。
3. 一边熔化一边用橡皮刮刀搅拌,直至完全熔化。
4. 另取一个碗,将白巧克力切碎置于碗中。
5. 隔 50℃左右温水搅拌至熔化。
6. 将两种熔化的巧克力倒入巧克力屋模具中,黑色做屋体,白色做圣诞树、圣诞老人和麋鹿,冷却至完全凝固后脱模。
7. 取一块小板,放上屋子底座。
8. 用剩余的黑巧克力浆粘起屋架。
9. 粘上房顶。
10. 将剩余的白巧克力装入裱花袋中。
11. 粘上圣诞老人、圣诞树和麋鹿,再用白巧克力挤在屋顶上做成雪花,最后装饰上彩糖即可。

小贴士

1. 巧克力必须隔水加热熔化,不能用火直接加热。
2. 巧克力切碎后更易熔化,最好不要用整块的巧克力来熔化,会相当费时费力。
3. 熔化巧克力的温度应控制在 50℃左右,过高的温度会使巧克力油水分离。
4. 冬天熔化巧克力较为不易,如果熔化巧克力的量比较多,底座的水开始温度降低,可以小火加热十几秒再关火,如此反复 2~3 次,只要让水温保持在 50℃左右就好,切记不要一直加热。

双色吉他巧克力

白巧克力 100g，黑巧克力 100g。

做法

1. 将黑、白两种巧克力切碎分置于两碗中。
2. 平底锅中注入大半锅水，中火加热。
3. 待水温达到 50℃左右时关火。
4. 将装有两种巧克力的碗置于水中，待巧克力开始熔化时用一根筷子慢慢搅拌，直至完全熔化。
5. 将熔化的巧克力取出，冷却至半凝固状态时，将白巧克力用小勺舀入模具的一侧。
6. 再将黑巧克力舀入另一侧，墩平表面。
7. 最后将吉他的把手按入模具内，放入冰箱冷藏 5 分钟，食用时脱模即可。

小贴士

1. 熔化巧克力的水温必须保持在 50℃左右，过高的温度会使巧克力油水分离。
2. 有烘焙专用温度计是比较方便的，如果没有，可以用手试水温，人体的正常温度应该在 35~36℃，所以水接触皮肤感觉比温热稍热就可以了。

材料

白巧克力 100g，抹茶粉 5g。

做法

1. 准备白巧克力 100g。
2. 用小刀切碎。
3. 装入尖口碗中。
4. 平底锅装水，放入尖口碗隔水小火加热，至 50℃ 左右时关火，搅拌至巧克力完全熔化。
5. 加入抹茶粉。
6. 搅拌均匀。
7. 倒入模具中。
8. 墩平表面，自然冷却或者放入冰箱冷藏几分钟使 其凝固，然后脱模即可。

青苹果巧克力

小贴士

1. 巧克力切碎后更易熔化，最好不要用整块的巧克力来熔化，会相当费时费力。
2. 熔化巧克力的温度应控制在 50℃ 左右，过高的温度会使巧克力油水分离。
3. 制作青苹果巧克力的时候如果只是为了追求成品的效果，可以选用食用绿色素，因为抹茶 粉不溶于水，会出现颜色不均的情况。

杏仁霜糖巧克力

材料

黑巧克力 100g，大杏仁 100g，糖粉 50g。

做法

1. 将黑巧克力切碎。
2. 隔水小火加热，水温至 50℃左右时关火，慢慢搅拌至完全熔化。
3. 取大杏仁 100g。
4. 将巧克力碗从锅中取出，凉至半凝固状态比较浓稠时，将杏仁放入巧克力中沾满巧克力酱。
5. 再放入糖粉中滚一圈，使表面均匀地包裹上糖粉。
6. 将所有杏仁逐一重复操作，在烤盘中摆放整齐，冷却至巧克力凝固即可。

小贴士

1. 糖粉可用细砂糖来代替，只是颗粒会稍大一些，但不要用粗砂糖。
2. 如果用可可粉来代替糖粉，就可以做成杏仁馅的松露巧克力。

小恐龙

可可牛奶糖

材料

淡奶油 300ml，白砂糖 100g，
麦芽糖饴 70g，可可粉 10g。

做法

1. 将淡奶油倒入锅中。
2. 加入白砂糖。
3. 加入麦芽糖饴。
4. 置于火上，一边小火加热，一边搅拌均匀。
5. 继续搅拌，煮至锅内出现密集的气泡时要加快搅拌速度，不然很容易从锅内溢出。
6. 搅拌至开始感觉有阻力，溶液变得比较浓稠时，关火，静置待气泡平息。
7. 另取一口锅，加入100ml淡奶油，筛入可可粉。
8. 一边置于火上小火加热，一边用橡皮刮刀搅拌均匀，待到沸腾时离火。
9. 将可可溶液倒入奶油锅中，搅拌均匀。
10. 开小火重新加热，一边搅拌一边煮至沸腾。
11. 感觉浓稠时关火，静置待气泡平息。
12. 倒入小恐龙模具中，冷却至凝固后脱模即可。

小贴士

1. 如果没有麦芽糖饴，可用其他糖浆取代，如玉米糖浆、葡萄糖浆、枫糖浆等。
2. 熬制糖浆的浓稠度直接决定了作品的成败，糖浆熬煮不到位，将很难完全凝结，一定要煮至糖分充分转化，水分充分蒸发，才能制作出成功的牛奶糖。
3. 熬煮的时候需一直小火加热，并不停搅拌，否则糖汁很容易焦化粘底，结成一大块黑炭。
4. 如果不加可可粉就是纯牛奶糖，也可以加入各类果粉，制作成各种口味。
5. 模具可使用任何一款果冻或者巧克力模具，只要比较小的就可以。
6. 熬煮成功的糖浆，室温冷却即可凝结成比较硬的糖块，如果想加快凝结的速度，可以放入冰箱冷藏或者冷冻数分钟即可。

老红糖话梅棒棒糖

做法

1. 取一个不锈钢锅，加入 100g 老红糖和 15ml 水。
2. 置于火上一边小火加热，一边用小勺搅拌至红糖溶化。
3. 继续一边小火加热一边搅拌，至糖汁沸腾，这时会出现密集的气泡，继续搅拌加热，直至感觉搅拌开始有阻力，糖汁开始变得浓稠时，关火，冷却至气泡平息。
4. 将棒棒糖模具洗净擦干，保证无水无油无杂质附着。
5. 将糖汁倒入模具中，约五分满，冷却至糖汁半凝固的状态。
6. 将话梅按入每一格的中心部分。
7. 放好棒棒糖专用的胶棍，再将剩余的糖汁浇入模具中，冷却至完全凝固即可。
8. 最后将棒棒糖脱模，用玻璃纸包裹，再用金锡条扎紧即可。

材料

老红糖 100g，水 15ml，咸话梅 6 粒，棒棒糖专用胶棍 6 根，透明玻璃纸 6 张，金色封口锡条 6 根。

小贴士

1. 糖汁入模后，冬天室温即可很快凝固，夏天如果想凝固得快一些，可放入冰箱中冷藏几分钟，即可快速凝结。
2. 棒棒糖模具、配套的棍子、包装用的玻璃纸、锡纸等，一般淘宝和烘焙用品店均有售。

奶油棉花糖热可可

材料

鲜奶油 60ml，牛奶 300ml，白砂糖 20g，可可粉 10g，棉花糖适量。

做法

1. 将棉花糖剪成小块。
2. 鲜奶油倒入打蛋盆中，搅打至出现硬性纹路。
3. 奶锅中倒入牛奶，加入白砂糖搅拌均匀。
4. 将锅置于火上小火加热。
5. 刚刚沸腾时关火。
6. 牛奶中筛入可可粉。
7. 趁热用橡皮刮刀搅拌均匀。
8. 将热可可倒入杯中，表面加入适量打发奶油，加几粒棉花糖，再在奶油上筛少许可可粉（分量外）做装饰即可。

 小贴士

1. 配方中的材料可以制作两杯热可可，和你的宝贝一起享用吧！
2. 鲜奶油也可用淡奶油代替，不过淡奶油很难搅打至硬性发泡，放在热可可上很容易相溶。

肉松吐司糖果卷

材料

白吐司 4 片，儿童猪肉松 15g，玻璃纸 4 张，金线 8 根。

做法

1. 准备 4 片白吐司。
2. 用锯齿刀切去四边。
3. 取 1 张玻璃纸，在玻璃纸上放 1 片白吐司，在白吐司中间码上 1 条肉松。
4. 将玻璃纸卷起包紧。
5. 用金线扎好玻璃纸两头，使其呈糖果状，一个糖果卷就制作完成了。
6. 其他几个糖果卷也依此操作即可。

小贴士

1. 白吐司最好用比较新鲜的，如果是放了两天以上的，会比较干硬，这样在卷起来的时候容易开裂。
2. 如果感觉吐司比较干硬，可以用微波炉小火加热 20 秒左右再冷却，就会比较软了。
3. 肉松也可用其他馅料代替。

第 5 章

主食甜点

白豆沙蛋白蒸糕

用西式的手法做出蛋糕糊，再用中式的手法蒸制，天然可爱，松软喷香。

材料

白豆沙材料：白芸豆 100g，白砂糖 30g，冷水 500ml，牛奶 40ml。

蛋白蒸糕材料：牛奶 40ml，蛋白 3 个，糖粉 60g，低筋面粉 60g，泡打粉 1/2 小勺。

表面装饰材料：紫葡萄干适量。

做法

白豆沙的制作：

1. 将白芸豆清洗干净。
2. 倒入高压锅中，加入冷水。
3. 盖上锅盖，大火烧上汽后转小火，压制 30~40 分钟。
4. 将压至熟料的白芸豆过水冲凉，滤干水分。
5. 将白芸豆逐一剥去外皮。
6. 将豆仁、白砂糖、牛奶加入料理机中。
7. 搅打成均匀的豆泥。
8. 将豆泥用滤网过滤一遍。
9. 滤出光滑细腻的白豆沙。
10. 将碗中的白豆沙倒入不粘锅中，一边小火加热，一边不停翻炒，直至水分基本收干。
11. 将炒好的白豆沙倒入玻璃容器中，凉凉备用。

蛋白蒸糕的制作：

12. 取 65g 白豆沙，加入 40ml 牛奶。
13. 搅拌均匀。
14. 将蛋白倒入打蛋盆中，分 3 次加入糖粉，搅打至九分发。
15. 即旋转时出现硬性纹路，拉起打蛋头可以拉出直立的蛋白尖，竖起打蛋器时，蛋白尖只会稍稍弯曲。
16. 将低筋面粉与泡打粉混合筛入盆中。

17. 倒入牛奶与白豆沙的混合物。
18. 先用打蛋器搅拌均匀。
19. 再改用橡皮刮刀刮净周边，翻拌均匀。
20. 将面糊用小勺装入星形硅胶蛋糕模具中，墩平表面。
21. 表面装饰上适量紫葡萄干。
22. 放入已经烧上汽的蒸锅。
23. 盖上锅盖，大火煮沸后转小火，蒸 20 分钟左右。
24. 取出凉至稍凉，脱模即可。

小贴士

1. 白豆沙可以一次多做些，剩余白豆沙可密封冷藏保存 3~5 天。

2. 白芸豆可提前浸泡一夜，直接剥皮后再压制，以节省煮制的时间，但夏天不建议提前浸泡，以防发酵变质。

3. 翻拌面糊时速度要快，以防蛋白消泡。

4. 入模时要墩几下，震出大气泡，蒸糕表面会更光滑，组织也会更细腻。

5. 表面装饰的葡萄干也可用蜜红豆或者蔓越梅干来代替。

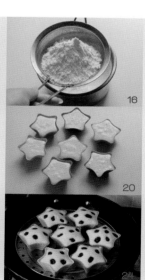

小丸子 豆蓉水果

材料

糯米粉 150g，鲜榨草莓果汁 20ml，鲜榨香橙果汁 20ml，糖粉 5g，清水适量，开边绿豆（即去皮绿豆）60g，炼乳 25g。

做法

1. 将糯米粉过筛置于碗中。
2. 准备好两种果汁。
3. 将糯米粉分成三份，分别加入两种果汁以及糖粉和清水，揉合成三色粉团。
4. 将粉团分成3~4g一个的小剂子，搓成小丸子。
5. 将开边绿豆淘洗干净。
6. 倒入汤锅中，加入10倍量的清水，大火煮沸后转小火，煮15分钟左右，煮至绿豆熟软，但又没有开花的状态最好。
7. 滤出水分。
8. 取适量绿豆转入小碗中，倒入炼乳。
9. 将汤锅加水煮沸，下入小丸子，煮至再次沸腾时加入少量冷水，如此反复煮3~4次，至小丸子完全浮起时关火。
10. 将小丸子捞出撒在豆蓉上即可。

小贴士

1. 果汁的口味可以自由选择，也可以用果粉，颜色会更鲜艳。
2. 往糯米粉中加水时，要一边加水一边搅拌，直至感觉干稀适度即可。
3. 开边绿豆不适合事先浸泡，否则会泡出一碗浓浆。
4. 煮绿豆时要注意不要煮过久，但也不能煮的时间过短，否则绿豆的口感会很硬。要煮至绿豆有沙化的口感，但又不能开花的状态，这就要在煮的过程中随时注意观察绿豆的状态，在绿豆即将开花，又没有完全开花时关火捞出最好。
5. 炼乳本身很甜，所以绿豆不必再加糖，但如果觉得绿豆不够入味，可以在煮的时候加入适量的糖，但不宜过多。

开心石榴包

材料

鸡蛋 3 个，牛奶 50ml，玉米淀粉 10g，糖粉 5g，石榴 1 个，鲜奶油 60ml，韭菜、植物油适量。

做法

1. 将鸡蛋打入一个大碗中。
2. 用打蛋器搅打均匀。
3. 加入牛奶，再次搅打均匀。
4. 将糖粉与玉米淀粉混合筛入蛋液中。
5. 再次搅打均匀。
6. 将蛋糊过滤至量杯中。
7. 取一口大小适中的不粘锅，中火烧热后改小火，刷少量植物油。
8. 倒入适量蛋液，转动锅底，使锅底均匀地摊平一层，小火加热至表面蛋液凝固时关火。
9. 将锅底倒扣，即成蛋皮，剩余蛋液重复步骤 8~10 即可，将摊好的蛋皮凉凉备用。
10. 将石榴取子。
11. 将鲜奶油用电动打蛋器打发至出现硬性纹路。
12. 将石榴子倒入打发鲜奶油中稍稍拌匀。
13. 取一张蛋皮，倒一勺奶油与石榴的混合物放于中间。
14. 将蛋皮收口，用开水烫软的韭菜扎住系起即可，剩余材料重复步骤 13~14 即可。

小贴士

1. 蛋液中加入面粉后搅打时会有一些小颗粒，所以搅打的时候需要尽量打散，但还是会有一些打不散的小颗粒和蛋白，搅打后要将蛋液过滤一遍，以保证煎出的蛋皮光滑漂亮。

2. 蛋液最好过滤到尖嘴杯中，例如量杯，往锅中倒蛋液时会较方便操作，如果没有，可用大汤勺量取蛋液。

3. 为了煎出合适的蛋皮，最好选择大小适中的锅，直径 15~18cm 的最好。用大煎锅也可以，但较难煎出完美的圆形，而且锅一定要用不粘锅，便于操作。

4. 锅底刷油量不可过多，刷多了蛋皮容易起泡，不光滑，影响美观。

5. 锅的热度要掌握好，过热会使蛋液一下锅就出现焦化的纹路；过冷的锅，蛋液在锅底的附着就会不均匀。你可以先将锅用大火烧热，然后关火冷却一会儿，再倒入蛋液，快速旋转成均匀的蛋皮，再开小火烧 10~20 秒至蛋液凝固后关火倒扣出即可。

6. 蛋皮一定要凉凉冷却至常温才能包入奶油石榴馅，因为过高的温度会使打发奶油熔化，影响操作以及成品的口感。

7. 韭菜要放入开水中烫 1 分钟左右至软才能包蛋皮，太硬不好操作。

8. 包的时候力度要掌握好，用力过大会很容易把蛋皮勒破，所以包的时候要非常小心。

金瓜盅蜜豆紫米

小金瓜（即南瓜）1个，红豆100g，
蜂蜜30g，紫米60g，白砂糖15g，
清水适量。

做法

1. 取红豆 100g。
2. 淘洗干净。
3. 倒入高压锅中，加入 5 倍量的清水，大火烧上汽后转小火，压制 20 分钟。
4. 将红豆捞出，加入蜂蜜拌匀，如果密封放入冰箱冷藏 1~2 天味道会更好。
5. 将紫米淘洗干净。
6. 倒入锅中，加入 5 倍量的清水，加入白砂糖，大火煮沸后转小火。
7. 煮至紫米开花时捞出，滤干水分。
8. 将小金瓜去皮。
9. 用小刀切出花边，去盖，掏空瓤子。
10. 将蜜红豆与紫米混合拌匀装入小金瓜中。
11. 放入注水的蒸锅中。
12. 盖上锅盖，大火烧上汽后转小火，蒸 20 分钟左右即可。

小贴士

1. 红豆较难煮熟，用高压锅煮可以加快红豆的沙化。
2. 做蜜红豆时，压制时间不宜过长，至刚刚开裂但不要完全开花的状态最好。
3. 如果没有紫米可以用黑米代替，当然也可以加入其他杂粮，还可以做成品种更丰富的八宝饭。
4. 小金瓜蒸的时间也不要过长，蒸得过于软烂不易于从锅中取出。

薯泥小鸡杯

材料

红薯 200g，炼乳 40g，鹌鹑蛋 2 个，
胡萝卜 4 片，海苔 1 小片。

做法

1. 将红薯去皮切小丁。
2. 放入蒸锅，大火煮沸后转小火，蒸 20 分钟左右。
3. 蒸红薯的同时，另取一口锅，冷水下入鹌鹑蛋，小火煮沸，至蛋浮起时关火。
4. 过冷水浸泡后剥壳备用。
5. 将胡萝卜片，用压花工具压出小鸡的鸡冠和嘴，以及胡萝卜花。
6. 将海苔放入表情压模器中压出表情。
7. 在鹌鹑蛋的顶部和中间各开一个小口，插入胡萝卜，制作成鸡冠和嘴，用牙签点上小鸡的眼睛，再取少许红薯泥制作成小鸡的红脸蛋。
8. 将蒸好的红薯取出碾压成泥。
9. 加入炼乳。
10. 用小勺搅拌均匀。
11. 再转入杯中，用勺背抹平。
12. 最后将小鸡装入杯中，再点缀上胡萝卜花即可。

小贴士

1. 红薯最好选择红心红薯，口感更甜，颜色更好看。
2. 鹌鹑蛋最好一次多煮几个，因为可能会有蛋不完整，或者剥破蛋白的情况发生。
3. 炼乳也可以用酸奶、奶油、牛奶或者果酱等其他材料代替，口味可随喜好选择。
4. 红薯泥也可以用南瓜泥、芋泥、枣泥等其他材料代替。
5. 给小鸡做造型时开口不可划得过大，插入胡萝卜的时候要小心，不能用力过大，蛋白会很容易裂开很大的缝隙，影响成品的美观。

奶油豆渣饼

材料

豆渣 100g，鸡蛋 2 个，淡奶油 50ml，低筋面粉 30g，糖粉 30g，肉桂粉 5g，植物油适量，薄荷叶适量。

做法

1. 将豆渣置于一个大碗中。
2. 加入鸡蛋。
3. 加入淡奶油。
4. 筛入低筋面粉和糖粉。
5. 用打蛋器搅打成均匀的面糊。
6. 向不粘平底锅内倒入少量油，烧至七成热后转小火。
7. 取一大勺面糊倒入正中间，摊成圆形面皮，煎至七成熟，待面皮中间出现气泡时翻面。
8. 翻面后再煎 1 分钟左右取出。
9. 剩余材料重复步骤 7、步骤 8 操作完成即可。
10. 将肉桂粉与糖粉置于一个小碗中。
11. 用小勺混合均匀成肉桂糖。
12. 最后在每一张饼的表面筛上适量肉桂糖，然后装饰上薄荷叶即可。

小贴士

1. 豆渣要用制作豆浆后过滤出来的新鲜豆渣。
2. 如果没有淡奶油，可以用牛奶代替，不过口感不够浓郁。
3. 如果没有肉桂粉，可以不做肉桂糖，但风味会差很多。

南瓜糯米糍

小小个的南瓜，橙黄可爱，趁热吃，软糯可口。

材料

南瓜 300g，糯米粉 200g，澄粉 50g，糖粉 30g，红豆沙 360g，铜钱草叶茎，薄荷叶适量。

做法

1. 将南瓜去皮切小块。
2. 上锅蒸至熟烂。
3. 将蒸好的南瓜取出，置于碗中碾压捣烂成泥。
4. 向南瓜泥中加入糯米粉、澄粉与糖粉。
5. 拌匀后揉和成光滑的面团。
6. 搓成长条，再分切成 50g 一个的小剂子。
7. 取一个小剂子搓圆按扁，取 30g 红豆沙馅搓成小球放于中间。
8. 包紧收口重新搓圆。
9. 将小球用手稍稍按扁，用刮板压出南瓜的瓣状纹路，中心插上剪成小段的铜钱草叶茎。
10. 将小南瓜生坯垫上烤纸，放入蒸锅中。
11. 盖上锅盖，大火烧开后转小火，蒸 20~25 分钟。
12. 待小南瓜颜色变成半透明状，并且没有半熟不熟的干粉团的状态时，即表示蒸好了，最后再加上薄荷叶作装饰。

小贴士

1. 因为每个人在实际操作过程中都会有所不同，所以配方中的粉类剂量仅作参考，实际分量按自己的操作来调节，如果较稀就加入适量糯米粉，如果较干就加入适量水，揉和成干稀适中的粉团即可，以不粘手、好塑形、容易操作为标准。

2. 配方中澄粉的量不可增加过多，澄粉加入过多会使面团蒸熟后变得干硬，影响口感。但也不可纯用糯米粉，完全用糯米粉蒸出来的南瓜会软塌塌的，无法做成南瓜的形状。

3. 南瓜的叶茎可以用任何蔬菜或者可食用植物的叶茎来装饰，薄荷叶这里只作装饰，吃的时候取下即可，不要给宝贝吃。

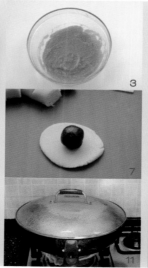
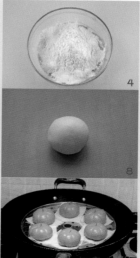

双色玫瑰花卷

中筋面粉 500g，酵母粉 8g，南瓜 150g，温水适量。

做法

1. 取 4g 酵母粉加入 150ml 温水中，搅拌均匀，静置 3 分钟。
2. 取一个大盆，加入 300g 中筋面粉，将酵母水倒入中筋面粉中。
3. 混合均匀后揉和 20 分钟左右至光滑的面团。
4. 放入大盆中，盖上保鲜膜。
5. 发酵至面团 2~2.5 倍大。
6. 在发酵面团的同时，将南瓜去皮切小块。
7. 放入蒸锅中蒸至熟烂。
8. 将南瓜倒入大碗中碾压成泥。
9. 在南瓜泥中加入 200g 中筋面粉和 4g 酵母粉，视黏稠程度加入适量水。
10. 搅拌均匀后揉和成光滑的面团，同样包上保鲜膜发酵至 2 倍大。
11. 将两种面团排气重新揉圆，分成约 25g 一个的小剂子，逐一搓圆。
12. 将小剂子逐一擀成圆形面皮，一张黄色一张白色，交错叠放，最后取一张面片滚成圆筒状，放在最下面。
13. 从下往上滚起包成圆筒状。
14. 从中对切。
15. 将切开的面团竖放，将边缘稍稍翻开，整理成玫瑰花形。
16. 在生坯下垫烤纸，放入蒸锅中，大火蒸 20 分钟左右，关火后不要开盖，再虚蒸 5 分钟，开盖取出即可。

小贴士

1. 面团要充分揉和至面粉出筋，才能保证发酵的效果，手揉要保证在20分钟以上，如果有面包机或者厨师机代替手揉可以加快速度。

2. 两种面团最好同时操作，不要一种面团发酵过度，一种面团还未发酵好。

3. 发酵温度在30℃左右即可，夏天室温即可发酵，冬天要放入烤箱或者烧上汽后关火的蒸锅中发酵。

4. 发酵时间可以根据面团发酵的状态，发酵至面团2倍大左右即可，发酵过度会使面团塌陷，使成品口感不松软。

5. 如果一种面团已经发酵好，而另一种面团还未发酵好，可将发酵好的面团重新揉圆后盖上保鲜膜放入冰箱冷藏，待另一种面团发酵好后再取出整形。

小刺猬豆沙包

材料

中筋面粉 300g，水 200ml，酵母粉 3g，红豆沙 360g，水滴形巧克力豆适量。

做法

1. 将酵母粉加入 200ml 水中搅拌均匀，静置 3~5 分钟（夏天用冰水，春秋用常温的水，冬天用 30~40℃的温水）。

2. 将中筋面粉倒入一个大盆中，将酵母水倒入中筋面粉中，搅拌均匀后揉和成光滑的面团。

3. 将面团置于一个大盆中，盖上保鲜膜密封，置于温暖处发酵 30~40 分钟。

4. 发酵至面团膨大至 2 倍大左右。

5. 将面团取出重新揉圆。

6. 搓成长条状。

7. 分切成 45g 左右一个的小剂子。

8. 然后逐一搓圆。

9. 取一个小面团，擀成圆形面皮，取 30g 红豆沙馅搓成小球放入面皮中间。

10. 将面皮包起。

11. 捏紧，收口朝下，搓圆。

12. 将面团整成水滴状，前尖后圆，用尖口剪刀剪出刺猬的尖刺。

13. 最后用巧克力豆做成刺猬的眼睛，放入蒸格，中间留空。

14. 盖上锅盖，大火蒸 15~20 分钟。

15. 关火后不要开盖，虚蒸 5~8 分钟后再开盖即可食用。

小贴士

1. 步骤 5 与步骤 8 中揉面时需要加入适量干粉，以防粘手，这里用到的干粉在分量外，用量约为 50g。

2. 面团的发酵只需要控制温度，一般夏天室温发酵即可，春秋可放在室外阳光下发酵，冬天可放入 28~30℃的烤箱，也可将蒸锅注水，将水加热至 40℃，将面盆密封后放入蒸锅中发酵。

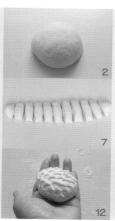

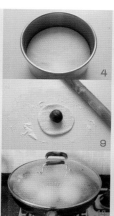

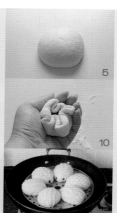

愤怒的小鸟
玉米窝头

主面团材料：玉米粉 100g，糯米粉 50g，中筋面粉 50g，糖粉 10g，水 100ml。

装饰材料：面粉 60g，可可粉 10g，黑芝麻粉 10g，黑芝麻适量，蛋清适量。

做法

1. 将主面团材料中的粉类混合均匀，加水，搅拌均匀。
2. 揉合成均匀的面团。
3. 搓成长条状。
4. 分切成 30g 左右一个的小剂子。
5. 将小剂子逐一搓圆。
6. 用稍粗一点的圆头小棍顶住原团中间，用掌心搓捏成圆锥状。
7. 将装饰面团用的 60g 面粉分成三份，一份加入可可粉，一份加入黑芝麻粉，再分别加入适量水揉和搓圆成小面团。
8. 将白色面团与可可面团分别擀成 0.3cm 厚的片，白色面片用小号圆形花嘴细的那一头，刻出小圆片，制作成小鸟的眼睛，可可面团用小刀切出小细条，制作成小鸟的眉毛。

9. 另取一小块可可面团，捏成前平后尖的形状，并用剪刀剪开，制作成小鸟的嘴。

10. 取两小片黑芝麻面团捏成水滴状。

11. 用剪刀剪出三道开口。

12. 将煎开的部分拉长，用牙签沿着开口处压出纹路，并用手稍稍捏合旋转，做成小鸟头部的羽毛和尾巴。

13. 最后将各个部件用蛋清粘连起来，白色面皮中间点上黑芝麻做眼珠。

14. 放入蒸锅，大火蒸 20 分钟即可。

小贴士

1. 米面中加入糯米粉，可以增加面团的黏度，吃起来口感更有弹性，但这种面团是偏硬的，不适合给年龄较小的宝贝们吃，想要更软一些的口感，吃起来像馒头，可以将主面团的配方改为：玉米粉 100g，中筋面粉 100g，酵母粉 2g，水 100ml，揉和成团后盖上保鲜膜置于 30℃左右的烤箱中发酵 30 分钟后，再次揉圆，分割整形即可。

2. 制作三色小面团时，加水不好控制，需要一点一点加，并且要一边加一边搅拌，感觉干湿适中时停止，最后用掌心揉和成小团。

3. 如果没有圆口花嘴，可以用吸管代替切出圆片。

4. 因为小鸟的造型比较复杂，单个成品的操作时间较长，所以做生坯时，还未做的面团需要用保鲜膜盖上，以防面团表面干枯发硬，每做好一个要放入未开火的蒸锅中盖上盖子保湿，以免面团干硬，影响口感。

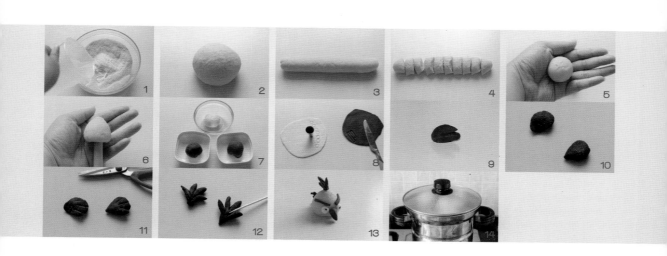

蜜桃馒头

材料

中筋面粉 200g，温水 125ml，酵母粉 2.5g，红薯菜汁适量，水适量。

做法

1. 将中筋面粉置于一个大盆中，将酵母粉用温水调开，倒入盆中，在砧板上撒扑粉，揉成光滑的面团。
2. 盖上保鲜膜，放在温暖的地方发酵至 2 倍大，待发酵好后，将面团排气。
3. 将面团重新揉圆，搓成长条状。
4. 将长条状面团分切成 20g 一个的小剂子。
5. 将面团揉圆拉尖，中间部位用刮板压出印子，做成桃形，在尖部刷上红薯菜汁。
6. 将做好的桃放入蒸锅，盖上锅盖，蒸 15~20 分钟即可。

小贴士　用红薯菜汁或者浓缩草莓果汁给馒头上色使蜜桃既健康又诱人。

紫薯红豆麻薯

材料

白砂糖 70g，水 125ml，糯米粉 100g，紫薯粉 25g，红豆沙 80g，水 20ml（调浆用），玉米淀粉适量。

做法

1. 将白砂糖与水混合，搅拌均匀至糖粒完全溶解。
2. 加入糯米粉。
3. 搅拌均匀成浆状，注意如果有干粉颗粒一定要拍散搅匀。
4. 加入紫薯粉。
5. 再次搅拌均匀。
6. 将碗隔水放入锅中。
7. 盖上盖子，大火煮沸后转小火，蒸 15 分钟。
8. 将碗内的浆液转入可直火加热的碗或不粘锅中，小火加热。
9. 一边搅拌，一边加热，一边缓缓兑入 20ml 水。
10. 继续搅拌加热，直至面团成为浓稠并有一定硬度和弹性的状态。
11. 在砧板上抹上干玉米淀粉，将麻薯面团刮在砧板上。
12. 手上抹适量干玉米淀粉，将麻薯面团表面也均匀地抹上一层玉米淀粉。
13. 凉至不烫手时分切成 8 份。

14. 手上抹适量干玉米淀粉，取一块麻薯面团搓圆按扁，放入 10g 红豆沙馅。
15. 包圆收口朝下即可。

小贴士

1. 麻薯浆直火加热时一定要用最小火，最好选用不粘锅具，一边加热一边不停搅拌，以免糊底。
2. 麻薯面团本身很稀，所以操作时一定要注意手上随时加抹干玉米淀粉，否则很难操作成形。

可丽饼

材料

鸡蛋 1 个，牛奶 100ml，糖粉 25g，低筋面粉 60g，黄油少许，蜜红豆适量，椰蓉适量，糖粉适量（装饰用），巧克力酱适量。

做法

1. 鸡蛋打入碗中。
2. 加入 100ml 牛奶。
3. 用手动打蛋器搅打均匀。
4. 将低筋面粉与糖粉混合，筛入碗中。
5. 再次搅打均匀。
6. 平底不粘锅大火烧热，转小火，锅底抹少量融化黄油。
7. 倒入蛋液转动，摊成均匀光滑的饼皮。
8. 关火，在饼皮的一角撒上蜜红豆和椰蓉。
9. 将饼皮对折再对折成三角形。
10. 最后取出装盘，表面筛上糖粉，挤上巧克力酱即可。

小贴士

1. 使用不粘锅煎饼皮的成功率会比较高。
2. 煎饼皮时要注意掌握锅的温度，温度过高会使饼皮焦黑，温度过低会使饼皮口感不佳。

红豆沙小鱼汤圆

材料

糯米粉 50g，糖粉 5g，水 50ml，色拉
油少许，红豆沙 100g，开水 50ml。

做法

1. 将糯米粉和糖粉倒入碗中并混合。
2. 加入水。
3. 用筷子搅拌成团。
4. 抹平表面。
5. 放入注水的蒸锅。
6. 盖上锅盖，大火煮沸后转小火，蒸 20~25 分钟。
7. 取出凉至稍凉。
8. 准备好小鱼饭团模具。
9. 打开模具将内壁刷上少许色拉油。
10. 掌心抹油，将糯米团分切成适量大小后搓成团。
11. 将搓好的糯米团按入小鱼模具中。
12. 将做好的小鱼糯米团扣入盘中。
13. 另取一个碗，将红豆沙装入碗中。
14. 加入一半比例的开水。
15. 搅拌均匀。
16. 将其倒入小鱼盘中即可。

小贴士

1. 按入模具中的糯米团如果不好扣出，或者扣出后不成形，可连同模具一起放入冰箱冷冻，待变硬后扣出，再自然解冻即可。
2. 红豆沙小鱼汤圆中用到的红豆沙是市售的红豆沙，本身已经很甜，所以加水调稀后不用再加糖，如果是自己熬煮的红豆沙，记得要加糖。

红豆小丸子

材料

红豆 100g，白砂糖 25g，小汤圆 60g。

做法

1. 将红豆过水洗净。
2. 倒入高压锅中，加入 5~6 倍红豆量的水，盖上锅盖，大火烧上汽后转小火，压制 55~60 分钟。
3. 将压制好的红豆沙倒入碗中，趁热加入白砂糖搅拌均匀。
4. 奶锅注水烧开。
5. 下入小汤圆煮至沸腾时转小火，煮至汤圆全部浮起时关火。
6. 最后将红豆沙盛入碗中，再将小汤圆捞出加入红豆沙中拌匀即可。

小贴士

1. 红豆可提前浸泡一夜，节省煮制的时间，但夏天不建议提前浸泡，以防发酵变质。
2. 夏天可将红豆沙与煮熟的小汤圆一起冷藏后再食用，风味更佳。

雨花石汤圆

材料

糯米粉 150g，可可粉 10g，红曲粉 10g，糖粉 10g，红豆沙 100g，水适量，白砂糖 20g。

做法

1. 将糯米粉分成三份装入三个小碗中，分别筛入可可粉、红曲粉和糖粉。
2. 将三个碗分别加入适量水，拌匀揉搓成团。
3. 将三种颜色的粉团混合成团。
4. 搓成长条状。
5. 分切成小剂子。
6. 取一个小剂子搓圆按扁，装入一小块红豆沙馅。
7. 包口收圆后搓成团。
8. 将其他小剂子也逐一按照上述步骤完成。
9. 煮一锅水，加入白砂糖，大火烧沸。
10. 下入汤圆，煮至再次沸腾时加入少量冷水，再次煮沸后再加入少量冷水。
11. 如此反复 3~5 次，至汤圆完全浮起时，再煮 1~2 分钟关火。
12. 转入小碗中即可食用。

小贴士

1. 可可粉的口感会比较苦，所以白色粉团中要加入适量糖粉，才能中和可可粉团的苦味。
2. 煮汤圆一般都是煮好后再放糖，但这里煮汤圆时是先将糖放在水中煮的，其目的也是为了去除可可粉的苦味。
3. 三种颜色的粉团混合时，只要捏合即可，不用过分揉合，否则颜色的纹路就不会清晰。
4. 红豆沙馅也可以用黑芝麻馅等代替，根据个人口味选择即可。

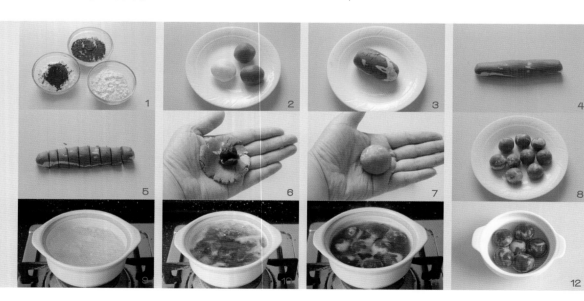

花朵口袋三明治

材料

白吐司 4 片，果酱 10g，胡萝卜 2 片，青椒半个，火腿 1 片，奶酪 1 片。

做法

1. 取一片白吐司在其中间部位抹上果酱（口味自选）。
2. 再取另一片白吐司放在抹上果酱的白吐司上。
3. 用方形口袋吐司模具按出形状，去除多余的边角。
4. 将另外两片白吐司也按如上步骤操作。
5. 用刻花模具在胡萝卜片、青椒、火腿、奶酪上压出花朵和叶子等。
6. 用少量果酱将花朵和叶子等粘在吐司上，拼成喜欢的形状。

小贴士

1. 果酱亦可用奶油或者沙拉酱、花生酱、巧克力酱等代替。
2. 表面装饰的胡萝卜、青椒一般不食用，如果要食用可以先过开水焯一下，但注意不要焯得太软，否则不易成形。

迷你小花三明治

材料

吐司5片，粗火腿肠1根，番茄酱适量，水果叉4根，圣女果适量。

做法

1. 将吐司切片，用小花饼干切在吐司上压出小花形状。
2. 将粗火腿肠切成和吐司差不多厚的片，同样用小花饼干切压出花形。
3. 准备一小碟番茄酱，在吐司和火腿上刷上酱汁，只刷一面，反面不用刷。
4. 用水果叉将刷好酱汁的小花吐司片和火腿片交错穿起来，再装饰上圣女果即可。

小贴士

1. 如果吐司不易切出小花，你可以先压出边缘，再用剪刀剪。
2. 火腿肠可用奶酪片代替。

迷你小花三明治不仅可以做便当，也可以做宝贝的早餐，在造型和颜色上相当吸引宝贝的眼球，营养也很丰富全面，即使不会下厨的妈妈也能轻松学会。除了用少量圣女果装饰摆盘之外，也可以用其他水果代替，不仅可以丰富色泽，还能使食品更丰富，营养更全面。

小熊口袋三明治

材料

蔬菜丁 50g，沙拉酱 1 勺，白吐司 4 片，
全麦吐司 4 片，巧克力酱适量。

119

做法

1. 将蔬菜切成同样大小的丁。
2. 将蔬菜丁倒入汤锅中，加入适量水。
3. 大火煮至蔬菜丁熟时关火。
4. 捞出蔬菜丁，滤干水分。
5. 将滤干水分的蔬菜丁装入碗中，加入一勺沙拉酱。
6. 拌匀。
7. 取一片白吐司，倒一勺拌好的蔬菜沙拉放在吐司正中间。
8. 盖上一片全麦吐司，并用手稍按压一下。
9. 将小熊口袋吐司模具从按压好的土司中间按下。
10. 去掉多余的边角即成小熊形状。
11. 在巧克力笔内装入巧克力酱，用巧克力笔沿着压出的花纹画出小熊的五官，一个小熊口袋三明治即制作完成。
12. 将其他几个三明治也依步骤 8~13 操作即可。

小贴士

内馅可自由搭配，除了蔬菜丁，也可以用水果、蜜豆、果酱、蛋黄酱、奶油等代替。